《全国海洋功能区划（2011—2020年）》专题研究

海洋矿产与能源功能区研究

夏登文　岳奇　徐伟　主编

U0195570

海洋出版社

2013年·北京

图书在版编目（CIP）数据

海洋矿产与能源功能区研究/夏登文，岳奇，徐伟主编.
—北京：海洋出版社，2013.8
ISBN 978 – 7 – 5027 – 8616 – 8

Ⅰ.①海⋯　Ⅱ.①夏⋯　②岳⋯　③徐⋯　Ⅲ.①海洋矿物 –
矿产资源开发 – 经济区划 – 研究 – 中国②海洋资源 –
矿产资源开发 – 经济区划 – 研究 – 中国　Ⅳ.①P74

中国版本图书馆 CIP 数据核字（2013）第 151753 号

责任编辑：张　荣
责任印制：赵麟苏

海洋出版社　出版发行

http://www.oceanpress.com.cn

北京市海淀区大慧寺路 8 号　邮编：100081
北京旺都印务有限公司印刷　新华书店北京发行所经销
2013 年 8 月第 1 版　2013 年 8 月第 1 次印刷
开本：787mm×1092mm　1/16　印张：9
字数：200 千字　定价：45.00 元
发行部：62132549　邮购部：68038093　总编室：62114335
海洋版图书印、装错误可随时退换

《海洋矿产与能源功能区研究》
承担单位暨编写人员

承担单位：国家海洋技术中心

编写人员：岳　奇　　徐　伟　　夏登文

　　　　　赵世明　　王　鑫　　方春洪

　　　　　侯智洋　　刘淑芬　　曹　东

　　　　　武　贺　　马志忠　　赵　梦

　　　　　张静怡　　石慧慧　　刘　亮

前　言

　　2009 年国家海洋局启动了全国海洋功能区划编制工作，为保障区划编制的科学性，设置了七项专题研究，《海洋矿产与能源功能区研究》为其中之一。

　　海洋中蕴藏着丰富的油气、海砂矿产资源和海上风能、潮汐、潮流、波浪、温差和盐差等可再生能源，随着我国经济社会的快速发展和陆上资源的瓶颈制约，人们越来越意识到，海洋是经济社会发展的资源宝库，是人类赖以生存的蓝色家园。新时期，以海上风电开发为代表，沿海各省纷纷编制海上风电规划，提出宏伟的海上风电开发目标（2020 年海上风能达 $3\,000 \times 10^4\,kW$）。可以预见，我国将继续面临海洋资源开发热潮，各行业用海协调难度将继续增加，给海洋环境带来新的压力。

　　海洋功能区划既是海洋产业和涉海项目布局保障，也是规范和指导涉海行业规划的依据，以上海洋资源开发利用和环境保护的问题，都需要在新一轮海洋功能区划中得到解决。本书研究四个方面内容：一是摸清我国海洋矿产资源与可再生能源储量及分布；二是通过对其开发利用现状的掌握，研究未来发展趋势和面临的主要问题；三是分析海洋矿产资源与可再生能源开发的用海特征和环境影响；最后结合其特征和未来发展趋势，提出在本轮区划中，矿产与能源区划分和管理措施建议。

　　本书所涉及资料主要来自三个方面：一是相关海洋年鉴、公报等已公布的相关统计资料；二是国土资源部油气资源战略研究中心新一轮油气资源调查成果；三是"908 专项"成果。

　　本课题在研究过程中，国家海洋局海域管理司曾多次召开专家研讨会，许多专家都对本专题的研究提出宝贵的意见与建议，他们是：国家海洋局海域管理司阿东、韩爱青，国家海洋环境监测中心关道明、付元宾、王权明、李方，国家海洋信息中心胡恩和、李亚宁、张宇龙，大连海事大学栾维新，天津师范大学刘百桥等，在此表示深深地感谢！

　　由于能力有限，错误和疏忽之处难免，望不吝指正！

"海洋矿产与能源功能区研究" 课题组

2013 年 5 月

目　录

1　海洋矿产与能源功能区研究背景

（1）海洋功能区划已成为我国海洋矿产资源及可再生能源科学开发利用的重要依据。

海洋功能区划既是海洋产业和涉海项目布局保障，也是规范和指导涉海行业规划的依据。多年来，海洋功能区划对海洋矿产和能源区的布局划分保障了我国海上能源开发利用行业的健康快速发展，建立了良好的开发利用秩序，避免了用海矛盾，为国民经济大发展输送着源源不断的"蓝色血液"。

2010年多个油气田陆续投产，海洋石油天然气产量首次超过 $5\,000\times10^4$ t，海洋油气业高速增长，全年实现增加值 1 302 亿元，比上年增长 53.9%。海洋电力业快速发展，海上风电场从无到有，2010年海洋风电陆续进入规模开发阶段，海洋电力业继续保持快速增长态势，全年实现增加值 28 亿元，比上年增长 30.1%。随着管理力度的加强，我国海砂开采活动更加规范有序，2010年海洋矿业全年实现增加值 49 亿元，比上年减少 0.5%。

（2）本专题的研究将为新一轮海洋功能区划的编制提供参考。

在全国海洋功能区划多年的实施过程中也暴露了一些问题，如约束力和统筹管理的操作性不强等。新一轮海洋功能区划的编制提出，应进一步提高海洋功能区划的约束力和可操作性，明确可以量化的总量控制指标，提出更具现实意义的引导性管理措施。这对海上矿产和能源区的划分提出了更多、更具体的要求，为此本专题的研究意义重大。

本专题将在充分调查、研究我国目前海洋油气、海砂、海洋风能及其他海上能源的基础上，摸清其储量及分布情况，了解当前的开发利用现状，充分研究其开发利用对环境和其他用海的影响，提出海洋矿产与能源功能区划划分建议和管理措施建议。

2 我国海洋矿产资源与可再生能源储量及分布

2.1 海上油气资源

2.1.1 油气资源总量与构成

我国海上油气勘探开发始于 20 世纪 50 年代中期，随着勘探力度的逐步加大，不断有新的发现，特别是在 1995—2001 年的 6 年间，渤海海域 9 个（近）亿吨大油田的发现[1]，使海洋油气业进入了一个崭新时代。截至 2008 年年底，石油地质资源量为 235.76×10^8 t，累计探明地质储量 121.17×10^8 t，可采资源量 72.08×10^8 t，累计采出量 3.12×10^8 t（图 2.1）；天然气地质资源量 $169\,392.09 \times 10^8$ m³，累计探明地质储量 $39\,348.59 \times 10^8$ m³，可采资源量 $87\,668.77 \times 10^8$ m³，累计采出量 769.33×10^8 m³①（见图 2.2）。

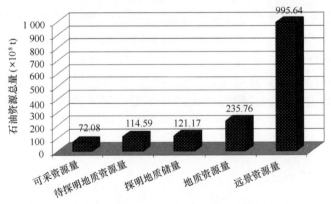

图 2.1　全国海域石油资源总量及构成

① 远景资源量：是指油气的可能聚集总量，即有可能找到的最大量。在评价中将 5% 概率对应的地质资源量作为远景资源量，或通过引用二次资源评价的地质资源量作为远景资源量。
地质资源量：是指在目前的技术条件下最终可以探明的油气总量，包括已探明和待探明的。在评价中将资源量的概率分布期望值作为地质资源量。
（探明）地质储量：是指地质资源量中已探明部分称作（探明）地质储量。
可采资源量：是指在未来可预见的技术条件下可以采出的油气总量，包括已经采出的。在评价中，通过地质资源量和可采系数计算可采资源量。
地质资源量 =（探明）地质储量 + 待探明地质资源量。
可采资源量 = 累计探明技术可采储量 + 待探明可采资源量。
累计探明技术可采储量 = 累计采出量 + 剩余技术可采储量。

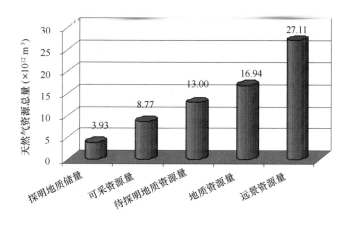

图 2.2　全国海域天然气资源总量及构成

2.1.2　油气资源量海域分布

从表 2.1 可看出截至 2008 年年底，累计探明我国海域石油远景资源量为 995.64 × 10^8 t，地质资源量 235.76 × 10^8 t，可采资源量 72.08 × 10^8 t。渤海、黄海、东海、南海北及南海南，其远景资源量分别为 714.4 × 10^8 t、12.46 × 10^8 t、20.84 × 10^8 t、46.4 × 10^8 t、201.54 × 10^8 t，占百分比为 71.75%、1.25%、2.09%、4.66%、20.24%；地质资源量分别为 56.84 × 10^8 t、7.22 × 10^8 t、9.44 × 10^8 t、32.17 × 10^8 t、130.09 × 10^8 t，占百分比为 24.11%、3.06%、4.00%、13.65%、55.18%；可采资源量分别为 13.32 × 10^8 t、1.57 × 10^8 t、3.44 × 10^8 t、10.88 × 10^8 t、42.87 × 10^8 t，占百分比为 18.48%、2.18%、4.77%、15.09%、59.48%。[2] 石油资源主要集中于渤海和南海海域（图 2.3）。

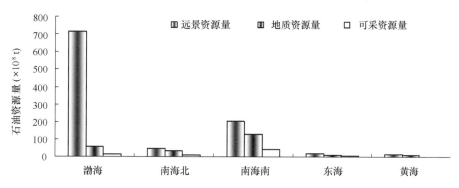

图 2.3　各海域石油资源量分布

截至 2008 年年底，累计探明我国海域天然气远景资源量为 271 065.7 × 10^8 m³，地质资源量 169 392.09 × 10^8 m³，可采资源量 87 668.77 × 10^8 m³。渤海、黄海、东海、南海北及南海南，其远景资源量分别为 5 015.17 × 10^8 m³、4 163 × 10^8 m³、60 854.69 × 10^8 m³、56 760.73 × 10^8 m³、143 276.47 × 10^8 m³，占百分比为 1.85%、20.94%、52.86%、22.45%、

表2.1　截至2008年底我国近海油气资源储量分布

海域 油气类别	渤海		东海		黄海		南海北		南海南		合计	
	石油 (×10⁸ t)	天然气 (×10⁸ m³)	石油 (×10⁸ t)	天然气 (×10⁸ m³)	石油 (×10⁸ t)	天然气 (×10⁸ m³)	石油 (×10⁸ t)	天然气 (×10⁸ m³)	石油 (×10⁸ t)	天然气 (×10⁸ m³)	石油 (×10⁸ t)	天然气 (×10⁸ m³)
(探明)地质储量	19.37	1 444.85	0.32	756.29	5.64	775.74	8.61	3 563.41	87.22	33 881.49	121.17	39 348.59
累计探明技术可采储量	3.89	563.13	0.12	489.22	—	—	2.98	2 365.54	—	—	—	—
2008年当年采出量*	1 486.86	8.48	15.17	6.51	—	—	1 404.09	61.24	—	—	2 906.12	2 982.35
累计采出量	1.12	136.43	0.04	53.11	—	—	1.96	576.67	—	—	3.12	769.32
远景资源量	714.4	5 015.17	20.84	60 854.69	12.46	4 163	46.4	56 760.73	201.54	143 276.47	995.64	271 065.70
地质资源量	56.84	3 145.94	9.44	41 729.74	7.22	1 847	32.17	34 083.58	130.09	88 350.07	235.76	169 392.09
待探明地质资源量	37.47	2 592.81	9.12	41 004.21	1.57	1 071.26	23.56	30 792.05	42.87	54 468.58	114.59	130 043.50
可采资源量	13.32	1 824.64	3.44	27 866.67	1.57	1 071.26	10.88	2 365.54	42.87	54 468.58	72.08	87 668.77
待探明可采资源量	9.43	1 482.85	3.32	27 387.24	—	—	7.9	19 388.90	—	—	—	—
剩余技术可采储量	2.78	426.7	0.08	436.11	—	—	1.02	1 788.87	—	—	—	—

注：＊当年采出量为万吨。

1.54%；地质资源量分别为 3 145.94×10⁸ m³、1 847×10⁸ m³、41 729.74×10⁸ m³、34 083.58×10⁸ m³、88 350.07×10⁸ m³，占百分比为 1.86%、1.09%、24.63%、20.12%、52.16%；可采资源量分别为 1 824.64×10⁸ m³、1 701.26×10⁸ m³、27 866.67×10⁸ m³、2 365.54×10⁸ m³、54 468.58×10⁸ m³，占百分比为 2.08%、2.70%、62.13%、31.79%、1.22%。天然气资源主要集中于南海南、南海北和东海海域（图 2.4）。

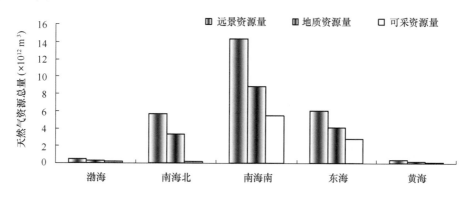

图 2.4　各海域天然气资源量分布

2.1.3　油气资源量地理分布

截至 2008 年年底，我国近海海域①石油地质资源量为 235.76×10⁸ t，其中浅海 161.8×10⁸ t；石油可采资源量为 72.08×10⁸ t，其中滩浅海 49.36×10⁸ t；天然气地质资源量为 169 392.09×10⁸ m³，其中滩浅海 11.54×10¹² m³；天然气可采资源量为 87 668.77×10⁸ m³，其中滩浅海 5.74×10¹² m³。

南海南部海域[3]盆地油气资源均分布在新生界，主要分布在曾母盆地、文莱－沙巴盆地、万安盆地小于 200 m 的陆架浅水区，其他盆地大于 1 000 m 水深的陆坡区，资源品位为常规油气（表 2.2）。其中浅海石油地质资源量和可采资源量分别为 66.78×10⁸ t、24.03×10⁸ t；浅海天然气地质资源量和可采资源量分别为 5.07×10¹² m³、3.18×10¹² m³。该海域被国外不同程度地开发利用。

表 2.2　我国海域主要盆地油气储量分布

主要海域盆地	油气类别	地质资源量		可采资源量		资源主要品位
		探明	待探明	探明	待探明	
渤海盆地	石油	19.37	37.47	3.89	9.43	稠重油
	天然气	1 444.85	2 592.81	563.13	1 482.85	

① 我国近海海域含国家所辖海域，区别于全国油气资源评价未将南海南部纳入近海海域油气资源总量统计范畴。

主要海域盆地	油气类别	地质资源量		可采资源量		资源主要品位
		探明	待探明	探明	待探明	
南黄海盆地	石油	—	2.98	—	0.72	常规油
	天然气	—	1 847	—	1 071.26	
北黄海盆地	石油	—	4.24	—	0.85	
	天然气	—	—	—	—	
东海陆架盆地	石油	0.32	6.91	0.12	2.83	常规油
	天然气	756.29	35 635.85	489.22	24 273.59	
冲绳海槽盆地	石油		2.21		0.49	常规油
	天然气		5 368.36		3 113.65	
珠江口盆地	石油	6.85	15.1	2.52	5.06	常规油
	天然气	749.9	6 767.34	452.21	4 410.48	
北部湾盆地	石油	1.73	5.61	0.44	1.46	常规油
	天然气	211.54	569.25	69.6	371.28	
琼东南盆地	石油	0.04	2.69	0.03	0.89	常规油
	天然气	1 037.91	10 104.4	805.32	6 437.18	
台西—台西南盆地	石油	—	0.17	—	0.47	常规油
	天然气	—	1 847.15	—	1 071.35	
莺歌海盆地	石油		—		—	
	天然气	1 564.06	11 503.92	1 038.41	7 098.61	
曾母盆地	石油	—	33.51		12.06	常规油
	天然气	—	43 130.61	—	27 117.94	
文莱—沙巴盆地	石油	—	21.63		8.15	常规油
	天然气	—	3 982.59	—	2 548.86	
中建南盆地	石油	—	19.06		5.81	常规油
	天然气	—	7 233.65	—	4 370.6	
万安盆地	石油	—	16.31		5.88	常规油
	天然气	—	9 551.09	—	5 990	
北康盆地	石油	—	13.82		3.59	常规油
	天然气	—	9 889	—	5 735.62	
南薇西盆地	石油	—	8.43		2.18	常规油
	天然气	—	2 976.32	—	5 735.62	
礼乐盆地	石油	—	5.24		1.61	常规油
	天然气	—	3 427	—	2 042.91	
西北巴拉望盆地	石油	—	4.42		4.59	常规油
	天然气	—	4 073.99	—	2 566.62	

续表

主要海域盆地	油气类别	地质资源量		可采资源量		资源主要品位
		探明	待探明	探明	待探明	
笔架南盆地	石油	—	4.17	—	1.08	常规油
	天然气	—	2 364.96	—	1 371.68	
南沙海槽盆地	石油	—	1.53	—	0.40	常规油
	天然气	—	905.17	—	525	
安渡北盆地	石油	—	0.73	—	0.19	常规油
	天然气	—	270.94	—	157.14	
南薇东盆地	石油	—	0.69	—	0.18	常规油
	天然气	—	278.52	—	164.54	
九章盆地	石油	—	0.28	—	0.07	常规油
	天然气	—	125.23	—	72.64	
永暑盆地	石油	—	0.27	—	0.07	常规油
	天然气	—	141	—	81.78	

*注：根据《中国分省油气资源》整理；石油单位为亿吨；天然气单位为亿立方米。

渤海盆地石油资源分布层系为新生界，主要分布在渤中、辽东湾、渤南和渤西（图 2.5），深度主要为浅层，其次为中层，深层和超深层有少量分布；资源品位主要是稠、重油，其次为常规油，少量是低渗–特渗油。天然气主要分布在渤中、前第三系、辽东湾、渤南和渤西，分布层系主要为新生界，只有前第三系的天然气资源分布在上古生界，深度主要是中深层，其次是深度和超深度，再次为浅层。地理环境均为浅水。

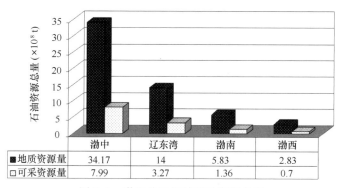

图 2.5 渤海盆地海域石油资源分布

南黄海盆地石油资源分布的层系为新生界，深度为浅层，其次为中深层；资源品位为常规油；天然气分布的层系是上古生界，深度主要是浅层和中深层，深层和超深层也有少量分布；地理环境均为浅水。

北黄海盆地石油主要分布在中生界，深度主要是中深层；资源品位为常规油；地理环境为浅海；截至目前尚未发现天然气资源。

东海陆架盆地油气资源分布均为第三系，主要含油气层系为古近系明月峰、平湖、花港组和新近系龙井组；深度上主要是中深层和深层，超深度也有部分分布；资源品位为常规油气；地理环境均为浅水。

冲绳海槽盆地（冲绳陆架前缘拗陷）油气资源均主要分布在新生界，资源分布的深度为 3 500~4 500 m，主要为深层分布；资源品位为常规油气；地理环境为深海。

珠江口盆地石油资源主要分布在新生界，深度主要是浅层和中深层，在深层和超深层也有少量分布；资源品位主要为常规油，其次为重油或稠油，再次为低渗和特渗油；地理环境主要是浅水，其次是深水；天然气资源分布主要为新生界，深度主要是中深层和深层，浅层和超深层也有分布；地理环境主要为浅水，深水次之（图2.6）。

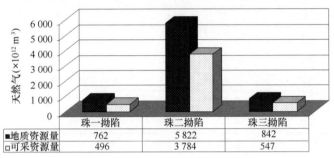

	珠一拗陷	珠二拗陷	珠三拗陷
■地质资源量	762	5 822	842
□可采资源量	496	3 784	547

图 2.6　珠江口盆地天然气资源分布[4]

北部湾盆地石油资源主要分布在新生界，深度主要为浅层，其次为中深层，在深层和超深层也有少量分布；资源品位为常规油，地理环境为浅水；天然气资源主要分布在新生界，深度主要为浅层，其次为中深层，在深层和超深层也有少量分布；地理环境为浅水。

琼东南盆地石油资源分布层系为新生界，深度主要为中深层，深层和浅层也有分布；资源品位主要为常规油，少量为低渗和特低渗油；地理环境为浅水和深水。天然气资源主要分布在崖南、崖北、乐东、陵水、松南、宝岛、长昌凹陷和北礁凹陷北洼（图2.7），分布的层系为新生界，在浅层、中深层、深层、超深层都有分布，地理环境为浅水和深水。

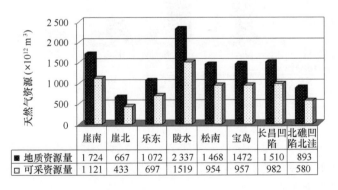

	崖南	崖北	乐东	陵水	松南	宝岛	长昌凹陷	北礁凹陷北洼
■地质资源量	1 724	667	1 072	2 337	1 468	1472	1 510	893
□可采资源量	1 121	433	697	1519	954	957	982	580

图 2.7　琼东南盆地天然气资源分布

莺歌海盆地资源为天然气，主要分布在中央坳陷，分别占层系主要为新生界，深度主要是浅层和中深层，深层也有部分分布；地理环境为浅水。

2.2 海砂资源

2.2.1 我国海砂资源储量及分布

2.2.1.1 储量

我国的海砂资源大致可以分为两类，一类是分布在海岸和近岸海域的海岸海砂；另一类是分布在陆架浅海的浅海海砂。[5]

我国海滨砂矿的矿种达 65 种（已探明），但具有工业开采价值的海滨砂矿只有 13 种。我国海滨砂矿类型以海积砂矿为主，其次为海、河混合堆积砂矿，多数矿床以共生形式存在。全国海滨砂矿累计探明储量为 31×10^8 t，其中海滨金属砂矿 27.65×10^4 t，海滨非金属砂矿 30.7×10^8 t。另外，在浅海区还圈定了重砂矿物高含量区 20 个，一级异常区 26 个，二级异常区 26 个，砂金和金刚石砂矿在浅海亦有一定的开发前景。

我国大规模的海滨砂矿勘探工作始于新中国成立之后，经过多年的勘探调查，找到了一些具有工业开采价值的矿区和矿种。现已探明具有工业开采价值的海滨砂矿有 13 种：即锆石、独居石、锡石、钛铁矿、磷钇矿、金红石、磁铁矿、铬铁矿、铌铁矿、褐钇铌矿、砂金、金刚石和石英砂（表 2.3）；重要矿产地有上百处，各类矿床 195 个，其中大型矿床 48 个，中型矿床 48 个，小型矿床 99 个，此外还有 110 个矿点。

表 2.3　我国海滨砂矿种类、规模及储量

类别	矿种	储量（$\times 10^4$ t）	大型矿（个）	中型矿（个）	小型矿（个）	矿点
金属	钛铁矿	2 340	10	9	19	15
	磁铁矿	76	0	2	15	8
	锆石	318	12	12	26	38
	独居石	24	6	7	10	17
	金红石	4	0	1	2	7
	铬铁矿	1.6	0	0	3	0
	锡石	9 400	0	0	6	6
	磷钇矿	9 000	2	2	1	0
	铌铁矿	60	0	0	0	3
	褐钇铌矿	104	0	0	1	3
	砂金	22.6	1	0	4	10
	金刚石	144×10^4 Ct	0	0	0	2
非金属	石英砂	307 000	17	15	12	1

2.2.1.2　分布

辽宁省的滨海砂矿,主要品种有金刚石、锆英石、独居石、石英砂,还有建筑用砂、砾石和卵石;山东省山东半岛沿岸的砂金、锆石、石英砂等滨海砂矿,莱州湾东部诸河流入海河口附近的砂金矿,地质储量与产量均占全国第1位;福建省滨海砂矿成矿条件好,品质优良,综合利用率高,主要分布在闽江口以南滨海一带,玻璃砂、型砂、标准砂、建筑用砂、高岭土等具有很高的开采价值;广东省海滨砂矿资源亦十分丰富,很多具有工业开发价位;广西壮族自治区沿海矿产资源丰富,已知矿产有很多种,以石英砂、钦铁矿、石膏、陶瓷黏土占优势地位,储量大,开发前景良好。河北省、天津市和江苏省海砂资源相对较为短缺。

(1)渤海区

海砂资源主要分布在辽东半岛和山东半岛沿岸,主要矿种有金刚石、砂金、锆石、独居石和石英砂。金刚石砂矿点分布在辽宁复县复州河口,其含量多达到工业品位,个别颗粒重达39.74 Ct,多数为宝石级。砂金矿分布在山东莱州和招远滨海区。锆石、独居石、磷钇矿、金红石、锡石和钛铁矿主要分布在辽宁省的盖县至河北省的秦皇岛、北戴河滨海区。

(2)黄海区

现已探明的黄海滨岸砂矿有13处,矿点近百处,其中大型锆石砂矿床1处,小型锆石砂矿4处,大型建筑砂矿床2处、中型玻璃砂矿床3处、中型砂金矿1处。主要分布在山东半岛沿岸和江苏东台、启动沿海。主要矿种为石英砂、建筑砂、砂金、锆石及磁铁矿。山东半岛北岸有大型玻璃石英砂矿1个,中型矿床3个,南岸有大型建筑砂矿1个。山东半岛的南缘,有大小锆石砂矿12处,石岛锆石砂矿规模大,品位高,储量超过5×10^4 t。

(3)东海区

东海滨海砂矿的分布有大型矿床9处、中型矿16处、小型矿41处、矿点5个,探明工业储量的矿产有14种,矿种包括磁铁矿、钛铁矿、锆石、独居石、磷钇矿和石英砂,主要分布在福建和台湾两省。福建省东山有特大型玻璃石英砂,储量达4亿多吨。台湾省海滨砂矿分布广、规模大,已探明大型独居石矿床2个,大型锆石矿1个,此外,还有磁铁矿和钛铁矿。目前在台湾发现两处砂金矿,储量估计3 000 t。

(4)南海区

南海区海滨砂矿资源非常丰富,是我国海滨砂矿最富集的地区。迄今为止,广东、广西、海南三省区滨岸带已发现和进行开采的砂矿床中,大中型矿床124处,小矿床119处,主要矿种有锆石、独居石、钛铁矿、金红石和磷钇矿等,大多数为复合型矿床。在长期地质演变过程中,形成了粤东锆石—钛铁矿砂矿带、粤中锡石—铌钽铁矿砂矿带、粤西独居石—磷钇矿砂矿带、雷琼钛铁矿—锆石砂矿带和琼东南钛铁矿—锆石砂矿带。

2.2.2 我国滨海砂矿资源质量

2.2.2.1 砂矿种类多，经济矿种少

我国海滨砂矿从总体上讲虽然种类较多，但具有工业开采价值的矿种只有 113 种，而且有些矿种储量很少，开发前景很不乐观；有些矿种目前还未发现或不具备工业开采价值。已发现的矿床中，大型矿床所占比例不多，主要以中、小型矿床为主。

2.2.2.2 砂矿主要以非金属矿为主，使用价值很高的金属砂矿所占比例太小

我国滨海砂矿总储量中，非金属矿占 98% 以上，而使用价值很高的在航空、航天、兵器、冶金、电器、化工、医药、陶瓷、精密仪器和核工业等方面有重要用途的海滨金属砂矿所占的比重太小，还不足 2%。

2.2.2.3 砂矿品味偏低，且砂矿成分复杂

我国海滨砂矿的品位与某些国家相比，均偏低，例如独居石，在每平方米砂矿中仅含有 $120 \sim 1\,472$ g，金红石为 $488 \sim 1\,553$ g，磁铁矿 $80 \sim 134$ g，砂锡矿为 $50 \sim 723$ g，烙铁矿为 $1\,000 \sim 2\,000$ g，钛铁矿为 $2\,100 \sim 41\,900$ g，都远低于国外海滨砂矿的平均品位。

我国海滨金属砂矿的矿物成分复杂，常处于共生状态，矿种混杂，给选矿带来较大的困难，需增加工序、增添设备提高选矿技术。同时，我国海滨砂矿资源开发程度很低，资源潜势较大，海滨砂矿累计探明储量为 31×10^8 t，其中海滨金属砂矿 $2\,765 \times 10^4$ t，海滨非金属砂矿 30.7×10^8 t。另外，在浅海区还圈定了重砂矿物高含量区 20 个，一级异常区 26 个，二级异常区 26 个，砂金和金刚石砂矿在浅海亦有一定的开发前景。

2.3 海洋风能

海洋风能指的是海洋上空大气流动所产生的动能，具有地域差距大、风功率密度大（较之陆上风）、随机性强等特征。中国近海包括渤海、黄海、东海和南海海域，西面紧靠亚洲大陆，东面毗连太平洋，处在东亚季风区，属典型季风气候。冬季受来自西伯利亚和蒙古等高纬地区寒冷干燥的冷空气影响，中国近海盛行偏北气流，渤海为西北风，黄海为北到西北风，东海为北到东北风，南海多为东北风，稳定而强盛，夏季受来自太平洋、印度洋和南海海域的暖湿气流影响，中国近海多为南向风，比冬季风弱，稳定性也较差。冬季风控制时间为 10 月到次年 4 月，夏季风控制时间为 6—8 月，5 月、9 月为过渡季节，各海区冬夏季风开始和结束时间略有不同。影响中国近海的重要天气系统主要有冷高压、温带气旋、热带气旋、副热带高压和热带复合带等，海上的风云变化多与这些系统密切相关。另外，由于受地理位置、地形和气候条件的制约，影响各海区的天气系统和风能资源分布存在着明显差异。

2.3.1 我国海洋风能储量及分布

根据"908 专项"调查成果显示，全国 50 m 以浅海域海洋风能资源的理论装机容量

为 88 300 × 10⁴ kW，理论年发电量为 77 351 × 10⁸ kW·h，技术可开发装机容量为 57 034 × 10⁴ kW，技术可开发年发电量为 34 126 × 10⁸ kW·h。

中国近海最优的风能资源区位于台湾海峡，年平均风功率密度达到 600 W/m² 以上，长江口以南的东海海域，南海的粤东以及粤西的上川岛附近海域，北部湾的海南岛以东海域以及山东半岛附近海域都是风能资源的丰富区。

表 2.4　全国沿海省（市、自治区）50 m 等深线以浅海域面积及风能资源总储量

省（市、自治区）名称	平均风功率密度 / (W/m²)	风能资源总蕴藏量 / (×10⁸ kW)	技术可开发量 / (×10⁴ kW)
辽宁省	148	0.80	4 411.6
河北省	115	0.19	568.6
天津市	81	0.01	11.0
山东省	151	1.28	7 299.0
江苏省	201	1.77	12 610.8
上海市	183	0.23	1 631.0
浙江省	188	0.76	5 001.5
福建省	363	1.73	13 305.9
广东省	182	1.32	8 107.7
广西壮族自治区	180	0.47	2 970.5
海南省	124	0.27	1 116.7
合计	—	8.83	57 034.3

2.3.2　我国海洋风能资源质量

2.3.2.1　我国海洋风能资源质量

依据我国 2004 年发布的陆地风能开发标准《全国风能资源评价技术规定》，将海洋风能资源分为 4 个区，即丰富区、较丰富区、可开发区和贫乏区，具体划分依据如表 2.5 所示。

表 2.5　风资源评价要素依据

依据要素	丰富区	较丰富区	可开发区	贫乏区
功率密度（P）/ (W/m²)	$P \geqslant 200$	$150 \leqslant P < 200$	$100 \leqslant P < 150$	$P < 100$

据此，可得我国海上风能资源的质量分布见图 2.8 所示。

综合考虑年平均风速、平均风功率密度等风能资源的主要指标，年平均风功率密度都在 200 W/m² 以上，都具有潜在的、丰富的、有待于开发的风能资源。

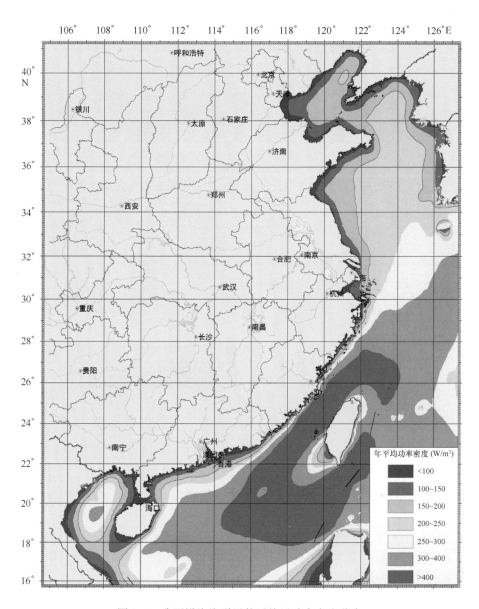

图 2.8　我国沿海海洋风能平均风功率密度分布

2.3.2.2　我国海洋风能资源开发利用条件评价

近海海域风能资源的开发利用潜力,受风能资源条件、可利用海域面积、电网条件、环境生态、地基地质等多方面因素的影响,但其中起决定作用的还是风能资源条件。由于风的随机性很大,因此在判断一个地方的风况时,必须有足够多和足够长的风场资料。我国海岸线长达 1.8×10^4 km,沿海地区气候多样,各个地区风的统计特性也表现出很大的差异(见图 2.9～图 2.11)。

渤海北部:这里易受冬季北方冷空气影响,风能资源非常丰富,并且渤海湾内海深

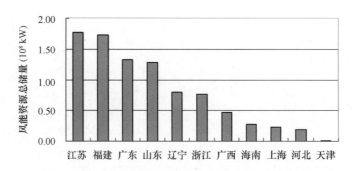

图 2.9　各省（市、自治区）50 m 以浅海域 10 m 高度海洋
风能资源总蕴藏量分布

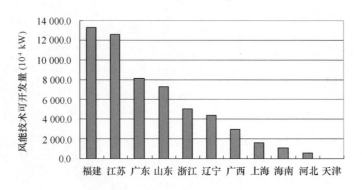

图 2.10　各省（市、自治区）50 m 以浅海域 10 m 高度海洋
风能技术可开发量分布

较浅，可开发利用面积较大。通常不会受到强热带气旋影响，但是冬季容易受海冰影响。

　　黄海北部、山东半岛东部近海：和渤海的情况一样，这里冬季也经常有冷空气活动，大风天气多，风能资源非常丰富。可开发利用面积相对较大，有利于大规模海上风电场建设。通常不会受到强热带气旋影响，但是冬季也容易受海冰影响。

　　江苏近海：苏北浅滩面积广阔，非常有利于大规模海上风电场开发。这里很少会受到强热带气旋影响，而且通常也不会有海冰影响。

　　杭州湾：风能资源丰富区面积较大，有利于大规模风电开发。这里离电力负荷中心近，电网条件好，有利于降低输电成本。但是有可能会受到强热带气旋的影响，要选择抗风标准较高的风机。

　　福建近海：主要受台湾海峡"狭管效应"的影响，风能资源十分丰富，台湾海峡中部有年平均风功率密度超过 700 W/m² 的大值区。但这一风能资源丰富带由于水深过大的原因，可供开发海上风电场的面积十分有限。这里易受强热带气旋的影响。

　　广东近海：和福建近海的情况非常相似。这里尽管风能资源十分丰富，但风能资源丰富带沿海岸线呈狭长带状分布，可供开发海上风电场的面积也比较有限，易受强热带气旋

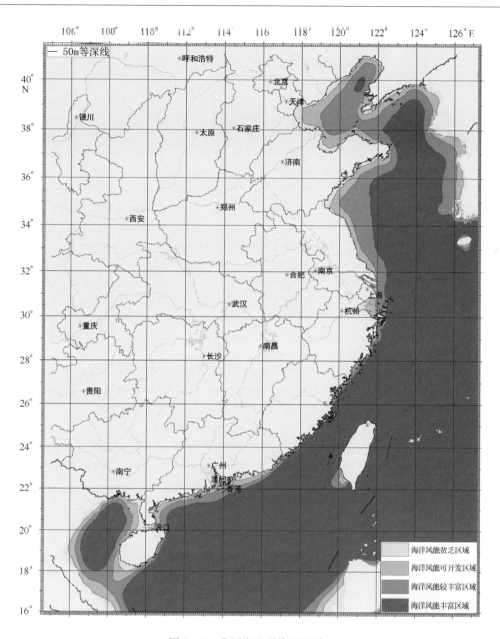

图 2.11　我国海上风资源评价

的影响。

广西壮族自治区近海：受强热带气旋影响的可能性相对福建和广东沿海要小一些，有利于海洋风能开发。

以上分析表明，中国沿海广泛分布风能资源丰富区，具有极大的开发利用潜力。

2.3.3　各省、市、自治区海洋风能资源开发条件

2.3.3.1　辽宁省

辽宁省风能资源总蕴藏量约为 $7\,980.8 \times 10^4$ kW，居全国第 5 位，技术可开发量为 $4\,411.6 \times 10^4$ kW，居全国第 6 位。

辽宁海洋风能较丰富，其较丰富区占近海海域总面积的 48.8%。辽宁省海洋风能渤海海域明显高于黄海海域。

辽宁省发展海洋风能的优势是水深较浅，且基本不受台风的影响；不利条件是，由于该省大部分海域冬季有 3～4 个月的结冰期，所以开发利用时应考虑冰冻影响（表 2.6）。

表 2.6　辽宁省近海风能资源分布

指标	丰富区	较丰富区	可开发区	贫乏区
平均风功率密度/（W/m²）	>200	200～150	150～100	<100
对应海域面积/（×10⁴ km²）	0.44	2.63	1.60	0.72
占全省近海海域的百分比/%	8.2	48.8	29.6	13.4
风能资源总蕴藏量/（×10⁴ kW）	1 010.2	4 609.7	2 002.5	358.4
技术可开发量（×10⁴ kW）	793.0	3 618.6	0	0

2.3.3.2　河北省

河北省风能资源总蕴藏量为 $1\,947.9 \times 10^4$ kW，技术可开发量为 568.6×10^4 kW，在全国沿海 11 个省市中位居第 10 位。

河北省海洋风能资源较少，风能可开发区占近海海域的 50%，该省无海洋风能丰富区。

由于该省海洋风能资源较少，冬季又有结冰现象，所以其海洋风能开发利用价值不大（表 2.7）。

表 2.7　河北省近海风能资源分布

指标	丰富区	较丰富区	可开发区	贫乏区
平均风功率密度/（W/m²）	>200	200～150	150～100	<100
对应海域面积/（×10⁴ km²）	0	0.37	0.85	0.48
占全省近海海域的百分比/%	0	21.8	50.0	28.2
风能资源总蕴藏量/（×10⁴ kW）	0	649.8	1 058.2	239.9
技术可开发量/（×10⁴ kW）	0	568.6	0	0

2.3.3.3　天津市

天津市风能资源总蕴藏量为 86.0×10^4 kW，技术可开发量为 11.0×10^4 kW，均居全国倒数第 1。

天津市海洋风能资源贫乏,其贫乏区占海域总面积的82.4%,大津市海洋无风能丰富区。

由于该市海洋风能资源较少,冬季又有结冰现象,所以其海洋风能开发利用价值不大。表2.8为天津市近海风能资源分布情况。

表2.8 天津市近海风能资源分布

指标	丰富区	较丰富区	可开发区	贫乏区
平均风功率密度/(W/m^2)	>200	200~150	150~100	<100
对应海域面积/($\times10^4 km^2$)	0	0.01	0.02	0.14
占全市近海海域的百分比/%	0	5.8	11.8	82.4
风能资源总蕴藏量/($\times10^4 kW$)	0	14.0	25.0	47.0
技术可开发量/($\times10^4 kW$)	0	11.0	0	0

2.3.3.4 山东省

山东省风能资源总蕴藏量为1.28×10^8 kW,技术可开发量为$7\,299.0\times10^4$ kW,居全国第4位。

山东省海洋风能资源较丰富,该省有47.8%为风能较丰富区,遍布全省沿海各地级市,其海洋风能丰富区主要位于威海、青岛近海,占海域总面积的11.2%。

山东省海洋风能蕴藏量丰富,平均风功率密度较高,且受台风影响较小,有利于开发利用海洋风能资源。不利因素是山东渤海海域每年冬季都有结冰期(表2.9)。

表2.9 山东省近海风能资源分布

指标	丰富区	较丰富区	可开发区	贫乏区
平均风功率密度/(W/m^2)	>200	200~150	150~100	<100
对应海域面积/($\times10^4 km^2$)	0.96	4.08	2.38	1.12
占全省近海海域的百分比/%	11.2	47.8	27.9	13.1
风能资源总蕴藏量/($\times10^4 kW$)	2\,151.7	7\,146.4	2\,971.5	559.1
技术可开发量/($\times10^4 kW$)	1\,689.0	5\,610.0	0	0

2.3.3.5 江苏省

江苏省风能资源总蕴藏量为1.77×10^8 kW,居全国首位,技术可开发量为1.26×10^8 kW,仅次于福建省居全国第2位。

江苏省海洋风能资源丰富,其风能丰富区占海域总面积的48.6%,主要位于南通东面海域。

该省近海风功率密度高,资源蕴藏量丰富,海域开阔,水深较浅,且受台风影响较小，具有开发利用海洋风能的优越条件（表2.10）。

表 2.10　江苏省近海风能资源分布

指标	丰富区	较丰富区	可开发区	贫乏区
平均风功率密度/（W/m²）	>200	200～150	150～100	<100
对应海域面积/（×10⁴ km²）	4.54	3.34	1.22	0.24
占全省近海海域的百分比/%	48.6	35.8	13.1	2.5
风能资源总蕴藏量/（×10⁴ kW）	10 216.0	5 848.6	1 525.6	122.4
技术可开发量/（×10⁴ kW）	8 019.6	4 591.2	0	0

2.3.3.6　上海市

上海市风能资源总蕴藏量为 2 321.1 × 10⁴ kW，居全国第 9 位，技术可开发量为 1 631.0 × 10⁴ kW，居全国第 8 位。

上海市海洋风能资源较丰富，风能丰富区面积为上海近海的51.2%。

上海市经济发达，用电需求量大，电能供需方接近，可减少输电损耗，因此在上海开发利用海洋风能既有现实意义又是实际可行的（表2.11）。

表 2.11　上海市近海风能资源分布

指标	丰富区	较丰富区	可开发区	贫乏区
平均风功率密度/（W/m²）	>200	200～150	150～100	<100
对应海域面积/（×10⁴ km²）	0.64	0.33	0.13	0.15
占全省近海海域的百分比/%	51.2	26.4	10.4	12.0
风能资源总蕴藏量/（×10⁴ kW）	1 488.1	589.5	167.4	76.1
技术可开发量/（×10⁴ kW）	1 168.2	462.8	0	0

2.3.3.7　浙江省

浙江省风能资源总蕴藏量为 7 550.0 × 10⁴ kW，居全国第 6 位，技术可开发量为 5 001.5 × 10⁴ kW，居全国第 5 位。

浙江省海洋风能丰富区占海域总面积的47.5%，主要分布在舟山群岛附近海域、嘉兴东部钱塘江口、宁波市北部海域、宁波市东部海域、台州市东部海域和温州市东南部海域。

该省海洋风功率密度高，资源蕴藏量丰富，海岛众多，具有开发海洋风能的优越条件。不利条件是受台风影响比较大，开发利用时应考虑抗台风影响（见表2.12）。

表 2.12　浙江省近海风能资源分布

指标	丰富区	较丰富区	可开发区	贫乏区
平均风功率密度/（W/m²）	>200	200~150	150~100	<100
对应海域面积/（×10⁴ km²）	1.91	0.89	0.75	0.47
占全省近海海域的百分比/%	47.5	22.1	18.7	11.7
风能资源总蕴藏量/（×10⁴ kW）	4 822.2	1 549.2	941.2	237.4
技术可开发量/（×10⁴ kW）	3 785.4	1 216.1	0	0

2.3.3.8　福建省

福建省海洋风能资源总蕴藏量为 1.73×10^8 kW，仅次于江苏省居全国第 2 位，技术可开发量为 1.33×10^8 kW，居全国首位。

福建海域位于台湾海峡，狭管效应明显，台湾海峡，南、北两头海面开阔，中间狭窄，正处于东北季风和西南季风的通道，是中国近海闻名的大风区。福建省海洋风能丰富区占总海域面积的 84.7%。

该省具有开发海洋风能的优越条件。缺点是受台风影响比较大，开发利用时应考虑抗台风影响（表 2.13）。

表 2.13　福建省近海风能资源分布

指标	丰富区	较丰富区	可开发区	贫乏区
平均风功率密度/（W/m²）	>200	200~150	150~100	<100
对应海域面积/（×10⁴ km²）	4.04	0.30	0.22	0.21
占全省近海海域的百分比/%	84.7	6.3	4.6	4.4
风能资源总蕴藏量/（×10⁴ kW）	16 422.0	528.2	279.9	105.6
技术可开发量/（×10⁴ kW）	12 891.3	414.6	0	0

2.3.3.9　广东省

广东省海洋风能资源总蕴藏量为 1.32×10^8 kW，技术可开发量为 $8\,107.7 \times 10^4$ kW，居全国第 3 位。

广东省近海海域的风能丰富区主要位于汕头市、潮州市和揭阳市，其面积占近海海域面积的 30.2%。

广东省海洋风能蕴藏量丰富，平均风功率密度较高，可以在部分海洋风能丰富区开展风能开发利用（见表 2.14）。

表 2.14　广东省近海风能资源分布

指标	丰富区	较丰富区	可开发区	贫乏区
平均风功率密度/（W/m²）	>200	200~150	150~100	<100
对应海域面积/（×10⁴ km²）	2.19	1.95	1.70	1.41
占全省近海海域的百分比/%	30.2	26.9	23.4	19.5
风能资源总蕴藏量/（×10⁴ kW）	6 916.9	3 411.3	2 119.8	704.9
技术可开发量/（×10⁴ kW）	5 429.8	2 677.9	0	0

2.3.3.10　广西壮族自治区

广西壮族自治区海洋风能资源总蕴藏量为 4 741.9 × 10⁴ kW，技术可开发量为 2 970.5 × 10⁴ kW，居全国第 7 位（表 2.15）。

广西壮族自治区海洋风能资源丰富，该区海洋风能丰富区位于北部湾内，其风能丰富区占总海域面积的 41.5%。北部湾水深较浅，海浪较小，有利于海洋风能开发利用。

表 2.15　广西壮族自治区近海风能资源分布

指标	丰富区	较丰富区	可开发区	贫乏区
平均风功率密度/（W/m²）	>200	200~150	150~100	<100
对应海域面积/（×10⁴ km²）	1.08	0.61	0.67	0.24
占全省近海海域的百分比/%	41.5	23.5	25.8	9.2
风能资源总蕴藏量/（×10⁴ kW）	2 720.8	1 063.3	838.7	119.1
技术可开发量/（×10⁴ kW）	2 135.8	834.7	0	0

2.3.3.11　海南省

海南省海洋风能资源总蕴藏量为 2 658.8 × 10⁴ kW，技术可开发量为 1 116.7 × 10⁴ kW，居全国第 12 位（表 2.16）。

海南省海洋风能丰富区主要位于海南岛东部。

海南省风能丰富区离岸较近，有利于开发利用。不利条件是水深较深，海浪较大。

表 2.16　海南省近海风能资源分布

指标	丰富区	较丰富区	可开发区	贫乏区
平均风功率密度/（W/m²）	>200	200~150	150~100	<100
对应海域面积/（×10⁴ km²）	0.20	0.56	0.72	0.66
占全省近海海域的百分比/%	9.3	26.2	33.6	30.9
风能资源总蕴藏量/（×10⁴ kW）	447.0	975.6	904.5	331.7
技术可开发量/（×10⁴ kW）	350.9	765.8	0	0

2.4 潮汐能

结合潮汐能历史普查数据资料和我国沿海海洋台站近 15 年的潮汐观测资料,在 49 个潮汐观测站连续 1 年观测的基础上,"908 海洋可再生能源调查与研究"专题对我国潮汐能资源储量及分布情况进行了计算和研究,本部分引自该专题成果[6]。

2.4.1 我国潮汐能储量及分布

2.4.1.1 总储量及分布情况

全国 500 kW 以上的 171 个潮汐能电站站址的蕴藏量为 2 283.10 × 10⁴ kW,年理论发电量 2 248.97 × 10⁸ kW·h(表 2.17),技术可开发量 2 283.10 × 10⁴ kW,年发电量 626.5 × 10⁸ kW·h。

表 2.17 全国 500 kW 以上的潮汐能站址资源统计

地点	站址数	蕴藏量		技术可开发量			
		装机容量 /(×10⁴ kW)	年理论发电量 /(×10⁸ kW·h)	装机容量 /(×10⁴ kW)	占全国比重 /%	年发电量 /(×10⁸ kW·h)	占全国比重 /%
辽宁	24	59.21	51.85	52.68	2.3	14.49	2.3
河北	1	0.1	0.04	0.09	0.003 8	0.017	0.002 7
山东	13	20.28	17.73	18.03	0.79	3.61	0.58
上海	1	79.78	69.85	70.90	3.1	19.5	3.1
浙江	19	964.36	844.36	856.85	37.5	235.6	37.6
福建	64	1 361.78	1 192.30	1 210.46	53	332.88	53.13
广东	23	39.7	34.73	35.35	1.55	9.72	1.55
广西	16	39.53	34.61	35.14	1.54	9.66	1.54
海南	10	4.0	3.5	3.65	0.16	1	0.16
合计	171	2 568.74	2 248.97	2 283.10	100.00	626.5	100.00

从表 2.17 可见,在我国 500 kW 以上的 171 个潮汐能电站站址中,我国可开发的潮汐能资源主要集中在浙江和福建两省,浙闽两省潮汐能技术可开发量为 2 067.34 × 10⁴ kW,年发电量为 568.48 × 10⁸ kW·h,分别占全国可开发量的 90.5% 和 90.73%。

2.4.1.2 各海域潮汐资源站位分布情况

潮汐能的蕴藏量和技术可开发量分布见表 2.18。表中共统计了全国 181 个潮汐能站址,其中除了 10 个站址小于 500 kW 外,有 171 个大于 500 kW 的站址。

表 2.18　浙江省潮汐能蕴藏量和技术可开发量统计

序号	站址名称	地址	GIS库区采用面积/km²	潮差/m 平均	潮差/m 最大	蕴藏量 装机容量/(×10⁴ kW)	蕴藏量 年发电量/(×10⁸ kW·h)	技术可开发量 装机容量/(×10⁴ kW)	技术可开发量 年发电量/(×10⁸ kW·h)	备注
1	乍浦	杭州湾	1 209.789	4.5	7.47	551.21	482.615 1	489.97	134.740 2	
2	黄湾	杭州湾	976.130	4.5	7.57	444.75	389.402 7	395.33	108.716 5	*
3	西泽	象山港	276.234	3.2	5.63	63.64	55.724 1	56.57	15.557 5	
4	黄墩港	象山港（宁海）	17.145	3.91	6.02	5.90	5.163 7	5.24	1.441 6	*
5	岳井洋	三门湾（象山）	44.876	3.93	6.61	15.60	13.654 2	13.86	3.812 1	*
6	牛山—南田	三门湾	456.803	4.5	5.9	208.13	182.230 1	185.01	50.876 4	
7	健跳港	三门湾（三门）	9.015	4.19	7.28	3.56	3.117 9	2.00	0.510 0	*
8	白带门	浦坝港（三门）	46.227	4	5.2	16.64	14.570 8	14.79	4.068 0	
9	江厦	乐清湾（温岭）	1.468	5.08	8.39	0.85	0.746 3	0.39	0.070 0	
10	狗头门—西门山	乐清湾（乐清岭）	11.944	4.5	5.2	5.44	4.764 8	4.84	1.330 3	*
11	清江口	乐清湾（乐清）	2.923	4.8	0	1.52	1.326 7	1.35	0.370 4	*
12	江岩山	乐清湾	180.207	4.96	7.57	99.75	87.337 6	88.67	24.383 6	
13	东沙港	洞头岛	0.487	4	8	0.18	0.153 5	0.16	0.042 9	
14	炎亭港	苍南	0.882	4.2	0	0.35	0.306 5	0.31	0.085 6	
15	牛鼻岔	牛鼻港（苍南）	0.278	4.2	0	0.11	0.096 6	0.10	0.027 0	
16	大渔湾	大渔湾（苍南）	44.298	4.2	0	17.58	15.393 9	15.63	4.297 8	
17	信智	信智港（苍南）	0.844	4.2	0	0.34	0.293 3	0.30	0.081 9	
18	雾城	雾城港（苍南）	0.414	4.2	0	0.16	0.143 9	0.15	0.040 2	
19	沿浦湾	沿浦湾（苍南）	13.654	4.2	5.2	5.42	4.744 9	4.82	1.324 7	
	实际累计（扣减重复累计站址）					964.37	844.36	856.85	235.60	

注:1. * 为资源累计时应扣减站址;

2. 江厦潮汐电站为已建电站,采用目前实际值。

2.4.2 我国潮汐能资源质量

全国沿岸单坝址技术可开发装机容量大于 500 kW 的潮汐能资源坝址共 171 个，总装机容量为 2 283 × 10⁴ kW（图 2.12）。表 2.18 ～ 表 2.28 为全国及各省潮汐资源和开发量统计表。图 2.13 为全国潮汐能资源评价图。

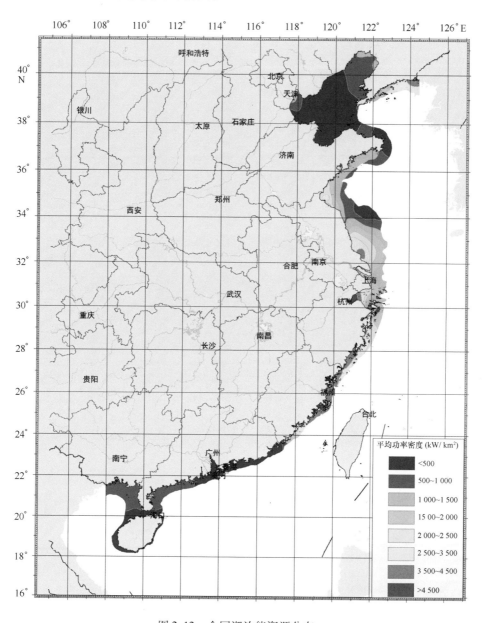

平均功率密度 (kW/ km²)
<500
500~1 000
1 000~1 500
15 00~2 000
2 000~2 500
2 500~3 500
3 500~4 500
>4 500

图 2.12　全国潮汐能资源分布

表 2.19　福建省潮汐能蕴藏量和技术可开发量统计

序号	站址名称	地址	GIS库区采用面积/km²	潮差/m		蕴藏量		技术可开发量		备注
				平均	最大	装机容量/(×10⁴ kW)	年发电量/(×10⁸ kW·h)	装机容量/(×10⁴ kW)	年发电量/(×10⁸ kW·h)	
1	沙埕港	沙埕港(福鼎)	76.811	4.15	6.9	29.77	26.060 7	26.46	7.275 8	
2	小白鹭	福鼎	4.539	4.16	6.92	1.77	1.547 4	1.57	0.432	
3	大白鹭	福鼎	1.403	4.16	6.92	0.55	0.478 3	0.49	0.133 5	
4	川石	福鼎	2.192	4.16	6.92	0.85	0.747 3	0.76	0.208 6	
5	秦屿	福鼎	3.225	4.17	6.93	1.26	1.104 8	1.12	0.308 4	
6	硖门	福鼎	5.066	4.18	6.95	1.99	1.743 7	1.77	0.486 8	
7	牙城	牙城湾(霞浦)	8.466	4.19	6.97	3.34	2.928	2.97	0.817 5	
8	后港	福宁湾(霞浦)	29.169	4.23	7.03	11.74	10.281 8	10.44	2.870 5	
9	长门	福宁湾(霞浦)	7.939	4.24	7.05	3.21	2.811 7	2.85	0.785	
10	积石	高罗沃(霞浦)	15.647	4.25	7.06	6.36	5.567 7	5.65	1.554 4	
11	海尾	界石沃(霞浦)	1.158	4.25	7.06	0.47	0.412 1	0.42	0.115	
12	同峡	刘沃(霞浦)	1.527	4.28	7.11	0.63	0.551 1	0.56	0.153 8	
13	柘兰	罗浮湾(霞浦)	2.754	4.28	7.11	1.14	0.993 8	1.01	0.277 5	
14	下洋塘	备湾(霞浦)	10.115	4.32	7.54	4.25	3.718 8	3.78	1.038 2	
15	东吾洋	东吾洋(霞浦)	190.359	5.1	8	111.40	97.539 4	99.03	27.231 8	
16	三都沃	三都沃(宁德、霞浦)	226.638	5.34	8.38	145.41	127.315 6	129.25	35.545	
17	鉴江	鉴江湾(罗源)	3.056	5.02	7.88	1.73	1.517 1	1.54	0.423 6	
18	古郁	古郁湾(罗源)	0.376	5.02	7.88	0.21	0.186 7	0.19	0.052 1	
19	圣塘	圣塘湾(罗源)	0.656	4.92	7.72	0.36	0.312 8	0.32	0.087 3	
20	牛沃	鳌沃(罗源)	1.722	4.82	7.57	0.90	0.788 1	0.80	0.22	
21	百步	下鹛沃(罗源)	0.876	4.66	7.31	0.43	0.374 8	0.38	0.104 6	

续表

序号	站址名称	地址	GIS库区采用面积/km²	潮差/m 平均	潮差/m 最大	蕴藏量 装机容量/(×10⁴ kW)	蕴藏量 年发电量/(×10⁸ kW·h)	技术可开发量 装机容量/(×10⁴ kW)	技术可开发量 年发电量/(×10⁸ kW·h)	备注
22	吉壁	吉壁沃(罗源)	0.395	4.56	7.16	0.19	0.1618	0.16	0.0452	
23	黄沃	布袋沃(罗源)	0.258	4.51	7.08	0.12	0.1034	0.11	0.0289	
24	罗源湾	罗源湾罗源连江	198.942	4.46	7.82	89.04	77.9583	79.15	21.765	
25	初芦	初芦沃(连江)	0.302	4.46	7.82	0.14	0.1183	0.12	0.033	
26	松皋	松皋沃(连江)	1.525	4.46	7.82	0.68	0.5976	0.61	0.1668	
27	达奇	洋里湾(连江)	2.932	4.42	7.75	1.29	1.1284	1.15	0.315	
28	大建	大建湾(连江)	0.591	4.42	7.75	0.26	0.2275	0.23	0.0635	
29	后沙	后沙沃(连江)	0.263	4.5	7.89	0.12	0.1049	0.11	0.0293	
30	黄岐	黄岐湾(连江)	0.359	4.5	7.89	0.16	0.1432	0.15	0.04	
31	赤沃	黄岐湾(连江)	18.245	4.49	7.87	8.28	7.2461	7.36	2.023	
32	筱埕	前沿(连江)	1.372	4.47	7.84	0.62	0.5401	0.55	0.1508	
33	东坪	布袋沃(连江)	1.121	4.46	7.82	0.50	0.4393	0.45	0.1226	
34	闽江口	闽江口(福州)	26.254	4.09	6.48	9.88	8.6518	8.78	2.4155	
35	福清湾	福清湾(福清)	379.477	4.21	7.82	151.33	132.5	134.52	36.9924	
36	猫头乾	猫头乾(平潭)	0.822	4.31	7.54	0.34	0.3008	0.31	0.084	
37	伯塘	长江沃(平潭)	11.459	4.2	7.36	4.55	3.9821	4.04	1.1118	
38	流水	流水湾(平潭)	16.24	4.06	7.13	6.02	5.2736	5.35	1.4723	
39	平潭	海坛湾(平潭)	28.374	4.15	7.27	11.00	9.6268	9.77	2.6877	
40	潭东	观音沃(平潭)	8.015	4.21	7.34	3.20	2.7986	2.84	0.7813	
41	芬尾	坛南湾(平潭)	13.942	4.19	7.34	5.51	4.8219	4.90	1.3462	
42	竹屿	竹屿港(平潭)	3.981	4.27	0	1.63	1.4299	1.45	0.3992	*
43	东汗	东汗湾(福清)	2.915	4.21	6.69	1.16	1.0178	1.03	0.2842	
44	高山	高山湾(福清)	22.61	4.68	8.17	11.14	9.7557	9.90	2.7237	

续表

序号	站址名称	地址	GIS库区采用面积/km²	潮差/m		蕴藏量		技术可开发量		备注
				平均	最大	装机容量/(×10⁴ kW)	年发电量/(×10⁸ kW·h)	装机容量/(×10⁴ kW)	年发电量/(×10⁸ kW·h)	
45	万安	万安湾(福清)	4.681	4.5	7.89	2.13	1.867 4	1.90	0.521 3	
46	兴化湾	兴化湾(福清,莆田)	643.313	5.15	8.74	383.90	336.126 7	341.25	93.842 5	
47	坑口	坑口湾(莆田)	0.884	4.64	8.1	0.43	0.374 9	0.38	0.104 7	
48	浮叶	浮叶湾(莆田)	1.481	4.2	7.34	0.59	0.514 7	0.52	0.143 7	
49	寨里	寨里湾(莆田)	1.533	4.64	8.1	0.74	0.650 2	0.66	0.181 5	
50	赤坡	赤坡湾(莆田)	12.424	4.42	7.75	5.46	4.781 6	4.85	1.335	
51	忠门	忠门港(莆田)	40.221	4.42	7.75	17.68	15.479 7	15.72	4.321 8	
52	湄州	湄州港(莆田,惠安)	282.689	4.55	7.96	131.68	115.291 7	117.05	32.188	
53	大岞	大港(惠安)	49.772	4.25	6.51	20.23	17.710 4	17.98	4.944 5	
54	泉州	泉州湾	77.661	4.25	7.45	31.56	27.634 2	28.06	7.715 1	
55	深沪	深沪湾(晋江)	22.235	3.99	6.99	7.97	6.973 5	7.08	1.946 9	
56	石井	石井江(晋江,南安)	13.14	3.99	6.99	4.71	4.121	4.18	1.150 5	
57	厦门东港	厦门东港	86.171	4.03	7.06	31.49	27.57	27.99	7.697 2	
58	八尺门	八尺门	19.579	4.72	7.73	9.81	8.592 9	8.72	2.399	*
59	九龙江口	九龙江口(龙海)	92.118	3.95	6.92	32.34	28.314 2	28.75	7.905	
60	佛昙	佛昙港(漳浦)	25.852	3.18	5.52	5.88	5.150 1	5.23	1.437 8	
61	六鳌	浮头港(漳浦)	58.734	2.88	5.05	10.96	9.597 1	9.74	2.679 4	
62	东山	东山港(云霄)	257.247	2.27	4.1	29.83	26.113 7	26.51	7.290 6	
63	陈城	诏安港(诏安)	171.066	1.62	2.84	10.10	8.844 2	8.98	2.469 2	
64	诏安	宫口港(诏安)	15.474	1.52	2.66	0.80	0.704 3	0.72	0.196 6	
实际累计(扣减重复累计时应扣减站址)						1 361.76	1 192.299 2	1 210.46	332.875 4	

注：* 为资源累计时应扣减站址。

表 2.20 广东省潮汐能蕴藏量和技术可开发量统计

序号	站址名称	地址	GIS库区采用面积/km²	潮差/m 平均	潮差/m 最大	蕴藏量 装机容量/(×10⁴ kW)	蕴藏量 年发电量/(×10⁸ kW·h)	技术可开发量 装机容量/(×10⁴ kW)	技术可开发量 年发电量/(×10⁸ kW·h)	备注
1	牛田洋	汕头市	62.244	0.98	2.04	1.35	1.177 6	1.20	0.328 8	
2	海门港	潮阳	1.879	0.69	1.36	0.02	0.017 6	0.02	0.004 9	
3	甲子港	陆丰	8.464	0.86	2.12	0.14	0.123 3	0.13	0.034 4	
4	碣石港	陆丰	1.88	0.86	2.12	0.03	0.027 4	0.03	0.007 6	
5	乌坎港	陆丰	2.953	0.86	2.12	0.05	0.043	0.04	0.012	
6	白沙湖	海丰	11.173	0.86	2.12	0.19	0.162 8	0.17	0.045 4	
7	汕尾港	海丰	22.126	0.86	2.12	0.37	0.322 4	0.33	0.09	
8	长沙港	海丰	10.743	0.86	2.17	0.18	0.156 5	0.16	0.043 7	
9	考洲洋	惠阳	26.788	0.79	2.17	0.38	0.329 4	0.33	0.092	
10	范和港	惠阳	31.216	0.79	2.17	0.44	0.383 8	0.39	0.107 2	
11	镇海湾	台山	58.222	1.41	2.47	2.60	2.280 3	2.32	0.636 6	
12	三丫港	阳江	2.571	1.41	2.93	0.12	0.100 7	0.10	0.028 1	
13	北津港	阳江	9.303	1.41	2.93	0.42	0.364 4	0.37	0.101 7	
14	海陵岛	阳江	60.849	1.41	2.93	2.72	2.383 2	2.42	0.665 4	
15	沙扒港	阳江	14.095	1.41	2.93	0.63	0.552	0.56	0.154 1	
16	鸡打港	电白	2.206	1.41	2.93	0.10	0.086 4	0.09	0.024 1	

续表

序号	站址名称	地址	GIS选区采用面积/km²	潮差/m		蕴藏量		技术可开发量		备注
				平均	最大	装机容量/(×10⁴ kW)	年发电量/(×10⁸ kW·h)	装机容量/(×10⁴ kW)	年发电量/(×10⁸ kW·h)	
17	博贺港	电白	33.47	1.72	2.93	2.23	1.950 6	1.98	0.544 6	
18	水东港	电白	30.283	1.72	3.55	2.02	1.764 9	1.79	0.492 7	
19	南陂河	吴川	17.194	1.72	3.55	1.15	1.002 1	1.02	0.279 8	
20	南三岛	湛江	39.382	1.72	3.55	2.62	2.295 2	2.33	0.640 8	
21	湛江盐场	湛江	1.425	2.13	4.51	0.15	0.127 4	0.13	0.035 6	*
22	通明港	湛江	131.659	1.78	4.51	9.39	8.217 8	8.34	2.294 3	
23	北莉口	徐闻	64.749	1.78	4.51	4.62	4.041 5	4.10	1.128 3	
24	流沙港	徐闻,雷州	55.9	2.18	3.33	5.98	5.233 5	5.31	1.461 1	
25	海康港	雷州	7.614	2.18	3.33	0.81	0.712 8	0.72	0.199	
26	企水港	雷州	11.615	2.18	3.33	1.24	1.087 4	1.10	0.303 6	
实际累计实际累计(扣减重复累计站址)						39.77	34.816 7	35.35	9.720 4	

注：* 为资源累计时应扣减站址。

表2.21　广西壮族自治区潮汐能蕴藏量和技术可开发量统计

序号	站址名称	地址	GIS年区采用面积/km²	潮差/m 平均	潮差/m 最大	技术可开发量 装机容量/(×10⁴ kW)	技术可开发量 年发电量/(×10⁸ kW·h)	蕴藏量 装机容量/(×10⁴ kW)	蕴藏量 年发电量/(×10⁸ kW·h)	备注
1	珍珠港	防城港市	85.467	2.35		5.31	4.649 1	4.72	1.298	
2	防城港	防城港市	62.086	2.35	5.05	3.86	3.377 3	3.43	0.942 9	
3	企沙港	防城港市	3.022	2.35	5.49	0.19	0.164 4	0.17	0.045 9	
4	榄埠	防城港市	2.114	2.49	5.49	0.15	0.129 1	0.13	0.036	
5	扫把坪	防城港市	1.743	2.49	5.49	0.12	0.106 4	0.11	0.029 7	
6	火筒径	防城港市	18.691	2.49	5.49	1.30	1.141 5	1.16	0.318 7	
7	龙门港	钦州	145.19	2.49		10.13	8.866 9	9.00	2.475 5	
8	金鼓	钦州	13.027	2.49	5.36	0.91	0.795 6	0.81	0.222 1	
9	犀牛脚	钦州	1.613	2.49		0.11	0.098 5	0.10	0.027 5	
10	大风江	钦州	57.743	2.49	5.36	4.03	3.526 4	3.58	0.984 5	
11	北海港	北海市	53.055	2.49		3.70	3.240 1	3.29	0.904 6	
12	白虎头	北海市	1.207	2.49	5.36	0.08	0.073 7	0.08	0.020 6	
13	西村	北海市	5.286	2.49	5.36	0.37	0.322 8	0.33	0.090 1	
14	白龙	北海市	2.915	2.49	5.36	0.20	0.178	0.18	0.049 7	
15	铁山港	北海市	98.835	2.52		7.06	6.182 3	6.28	1.726	
16	沙田	北海市	28.09	2.52	6.41	2.01	1.757 1	1.78	0.490 6	
	实际累计（扣减重复累计站址）					39.53	34.609 2	35.14	9.662 5	

表 2.22 海南省潮汐能复核统计

序号	站址名称	地址	GIS 牢区采用面积 /km²	潮差/m 平均	潮差/m 最大	技术可开发量 装机容量 /(×10⁴ kW)	技术可开发量 年发电量 /(×10⁸ kW·h)	蕴藏量 装机容量 /(×10⁴ kW)	蕴藏量 年发电量 /(×10⁸ kW·h)	备注
1	铺前港	文昌	61.483	1.11	1.72	0.85	0.746 2	0.76	0.208 3	
2	清澜港	文昌	35.694	0.75	1.84	0.23	0.197 8	0.20	0.055 2	
3	博鳌港	琼海	8.236	0.75	1.84	0.05	0.045 6	0.05	0.012 7	
4	港北港	万宁	43.595	0.75	1.57	0.28	0.241 5	0.25	0.067 4	
5	坡头港	万宁	5.74	0.81	1.3	0.04	0.037 1	0.04	0.010 4	
6	新村港	陵水	20.894	0.81	1.3	0.15	0.135	0.14	0.037 7	
7	铁炉港	三亚	6.564	0.81	1.3	0.05	0.042 4	0.04	0.011 8	
8	新英港	儋州	49.077	1.29	2.56	0.92	0.804 4	0.82	0.224 6	
9	新盈港	儋州	89.865	1.11	1.72	1.25	1.090 6	1.11	0.304 5	
10	红牌港	临高	3.825	1.11	1.72	0.05	0.046 4	0.05	0.013	
11	马枭港	临高	1.98	1.11	1.72	0.03	0.024	0.02	0.006 7	
12	花场港	澄迈	11.22	1.11	1.72	0.16	0.136 2	0.14	0.038	
13	东水港	澄迈	4.019	1.11	1.72	0.06	0.048 8	0.05	0.013 6	
实际累计(扣减重复累计站址)						4.11	3.596 1	3.65	1.004	

表2.23 辽宁省潮汐能蕴藏量和技术可开发量统计

序号	站址名称	地址	GIS库区 采用面积/km²	潮差/m 平均	潮差/m 最大	蕴藏量 装机容量/(×10⁴ kW)	蕴藏量 年发电量/(×10⁸ kW·h)	技术可开发量 装机容量/(×10⁴ kW)	技术可开发量 年发电量/(×10⁸ kW·h)	备注
1	赵氏沟	丹东市	0.226	4	6.23	0.08	0.071 2	0.07	0.019 9	
2	大圈村	丹东市 大连市	21.513	4	6.12	7.75	6.780 9	6.88	1.893 1	
3	南尖村	大连市	84.338	4	6.12	30.36	26.583 3	26.99	7.421 7	
4	黄家圈	大连市	2.496	3	4.76	0.51	0.442 5	0.45	0.123 6	
5	小唐儿府	大连市	0.972	2	3.38	0.09	0.076 6	0.08	0.021 4	
6	盖子头	大连市	7.654	2.7	4.34	1.26	1.099 2	1.12	0.306 9	
7	碧流河口	大连市	2.036	3	4.76	0.41	0.361	0.37	0.100 8	
8	清水河口	大连市	0.211	2	3.38	0.02	0.016 6	0.02	0.004 6	
9	蔓里岛	长海县	0.21	2.3	4.79	0.03	0.021 9	0.02	0.006 1	
10	大龙口	长海县	0.939	2.3	3.79	0.11	0.097 9	0.10	0.027 3	
11	青云河口	大连市	10.45	3	4.76	2.12	1.852 8	1.88	0.517 3	
12	小窑湾	大连市	14.137	2.2	3.66	1.54	1.347 9	1.37	0.376 3	
13	大窑湾	大连市	19.747	2.2	3.66	2.15	1.882 8	1.91	0.525 7	
14	老龙头	大连市	13.446	2	3.38	1.21	1.059 5	1.08	0.295 8	
15	双岛湾	大连市	8.616	1.4	3.24	0.38	0.332 7	0.34	0.092 9	
16	营城子湾	大连市	11.522	1.6	3.52	0.66	0.581 1	0.59	0.162 2	

续表

序号	站址名称	地址	GIS库区采用面积/km²	潮差/m 平均	潮差/m 最大	蕴藏量 装机容量/(×10⁴ kW)	蕴藏量 年发电量/(×10⁸ kW·h)	技术可开发量 装机容量/(×10⁴ kW)	技术可开发量 年发电量/(×10⁸ kW·h)	备注
17	金州湾	大连市	2.647	1.6	3.52	0.15	0.133 5	0.14	0.037 3	
18	后海湾	大连市	2.438	1.6	3.57	0.14	0.123	0.13	0.034 3	
19	北海湾	大连市	11.714	1.8	3.57	0.85	0.747 7	0.76	0.208 7	
20	平岛子	大连市	10.602	2	3.73	0.95	0.835 4	0.85	0.233 2	
21	猫瞧咀	大连市	14.68	2	3.73	1.32	1.156 8	1.17	0.323	
22	葫芦山咀	大连市	25.486	2	3.73	2.29	2.008 3	2.04	0.560 7	
23	太平湾	大连市	16.647	1.6	3.52	0.96	0.839 5	0.85	0.234 4	
24	塔山湾	葫芦岛市	21.553	2.1	4.15	2.14	1.872 5	1.90	0.522 8	
25	连山湾	葫芦岛市	15.103	2.1	4.15	1.50	1.312 1	1.33	0.366 3	
26	六股河口	葫芦岛市	3.497	1.9	3.8	0.28	0.248 7	0.25	0.069 4	
27	狗河口	葫芦岛市	0.243	1	3	0.01	0.004 8	0.01	0.001 3	
实际累计(扣减重复累计站址)						59.27	51.890 3	52.68	14.487 1	

表 2.24　河北省潮汐能蕴藏量和技术可开发量统计

序号	站址名称	地址	GIS库区采用面积/km²	潮差/m 平均	潮差/m 最大	蕴藏量 装机容量/(×10⁴ kW)	蕴藏量 年发电量/(×10⁸ kW·h)	技术可开发量 装机容量/(×10⁴ kW)	技术可开发量 年发电量/(×10⁸ kW·h)	备注
1	七里海	昌黎县		0.82	1.24					不设电站
2	滦河口	滦河口	6.469	0.82	1.25	0.10	0.042 8	0.09	0.017 4	
3	小青龙河口	柏各庄		1.2	2.1					不设电站
4	老石碑河口	黄骅县		1.41	1.81					不设电站
5	廖家洼排水渠口	黄骅县		1.41	1.81					不设电站
6	连洼排水口	海兴县		1.41	1.81					不设电站
	实际累计(扣减重复累计站址)					0.10	0.042 8	0.09	0.017 4	

表 2.25　山东省潮汐能复核统计

序号	站址名称	地址	GIS 库区采用面积 /km²	潮差/m 平均	潮差/m 最大	蕴藏量 装机容量 /(×10⁴ kW)	蕴藏量 年发电量 /(×10⁸ kW·h)	技术可开发量 装机容量 /(×10⁴ kW)	技术可开发量 年发电量 /(×10⁸ kW·h)	备注
1	金山港	烟台市牟平区	2.549	1.65	2.88	0.16	0.136 7	0.14	0.027 8	
2	双岛	威海市	4.262	1.52	2.79	0.22	0.194 0	0.20	0.039 4	
3	朝阳港	荣成市	3.957	1.05	2.04	0.10	0.085 9	0.09	0.017 5	
4	八河港	荣城市	11.175	1.05	2.04	0.28	0.242 7	0.25	0.049 3	
5	涨濛港	文登市	4.307	2.46	0	0.59	0.513 5	0.52	0.104 3	
6	龙门港	文登市	0.296	2.46	0	0.04	0.035 3	0.04	0.007 2	
7	白沙口	乳山市	2.535	2.39	3.95	0.33	0.285 3	0.29	0.057 9	
8	乳山口(东)	乳山市	15.866	2.53	3.97	2.29	2.000 7	2.03	0.406 2	
9	马河港	海阳市	3.611	2.59	4.5	0.55	0.477 2	0.48	0.096 9	
10	丁字湾	海阳市、即墨市	63.578	2.59	4.5	9.60	8.401 8	8.53	1.706 0	
11	薛家岛湾	胶南市	9.850	2.82	4.89	1.76	1.543 1	1.57	0.313 3	
12	唐岛湾	胶南市	10.829	2.6	0	1.65	1.442 1	1.46	0.292 8	
13	贡口湾	胶南市	2.165	2.82	4.89	0.39	0.339 2	0.34	0.068 9	
14	薛官岛	胶南市	13.167	2.82	4.89	2.36	2.062 8	2.09	0.418 8	
实际累计(扣减重复累计站址)						20.29	17.760 2	18.03	3.606 1	

表 2.26　长江口北支潮汐能蕴藏量和技术可开发量统计

站址名称	地址	库区面积 /km²	潮差/m 平均	潮差/m 最大	蕴藏量 装机容量 /(×10⁴ kW)	蕴藏量 年发电量 /(×10⁸ kW·h)	技术可开发量 装机容量 /(×10⁴ kW)	技术可开发量 年发电量 /(×10⁸ kW·h)	备注
长江口北支		383.658 0	3.04		79.78	69.848 6	70.91	19.500 9	

表 2.27　全国潮汐能蕴藏量和技术可开发量统计

省（自治区）	2010 年复核 站址数	蕴藏量 装机容量 /(×10⁴ kW)	蕴藏量 年发电量 /(×10⁸ kW·h)	技术可开发量 装机容量 /(×10⁴ kW)	技术可开发量 年发电量 /(×10⁸ kW·h)	原设计 站址数	蕴藏量 装机容量 /(×10⁴ kW)	蕴藏量 年发电量 /(×10⁸ kW·h)	技术可开发量 装机容量 /(×10⁴ kW)	技术可开发量 年发电量 /(×10⁸ kW·h)
辽宁省	27	59.27	51.890 3	52.68	14.487 1	27	58.72	16.141 6	66.08	57.855 9
河北省	1	0.10	0.042 8	0.09	0.017 4	6	0.47	0.093 7	0.45	0.194 8
山东省	14	20.29	17.760 2	18.03	3.606 1	14	11.77	3.623 6	22.88	9.864 6
浙江省	19	964.37	844.356 6	856.85	235.595 7	19	849.25	246.686 2	1 119.37	980.066 5
福建省	64	1 361.76	1 192.299 2	1 210.46	332.875 4	64	1 030.95	279.369 3	1 196.83	1 047.888 5
广东省	26	39.77	34.816 7	35.35	9.720 4	26	42.85	11.784 0	48.21	42.208 1
广西壮族自治区	16	39.53	34.609 2	35.14	9.662 5	18	3.53	0.969 8	3.97	3.473 8
海南省	13	4.11	3.596 1	3.65	1.004 0	13	38.73	8.188 6	44.14	38.647 8
长江口北支	1	79.78	69.848 6	70.91	19.500 9	1	70.40	22.800 0	100.43	87.934 7
全国	181	2 568.96	2 249.219 7	2 283.15	626.469 5	188	2 106.67	589.656 8	2 602.35	2 235.206 6

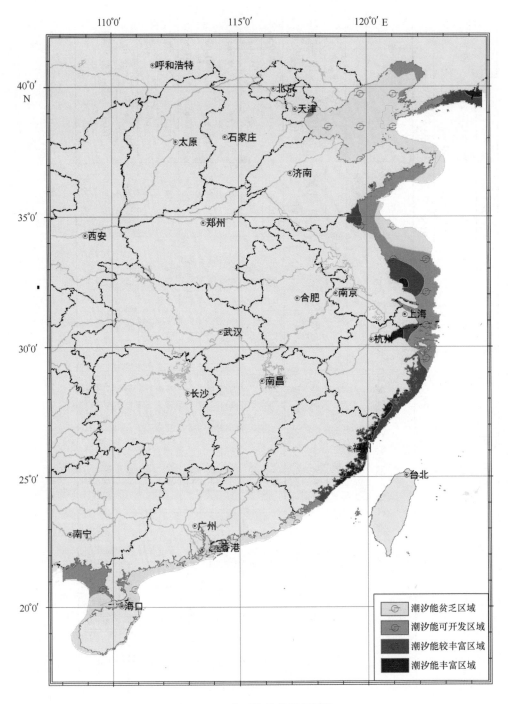

图 2.13　全国潮汐能资源评价

表 2.28　全国潮汐能技术可开发装机容量 500 kW 以上站址资源统计

	丰富区	较丰富区	可开发区	贫乏区	合计
年平均潮差（H）	$H \geqslant 4$ m	4 m > $H \geqslant 3$ m	3 m > $H \geqslant 2$ m	$H < 2$ m	
装机容量/（×10⁴ kW）	2 367.24	194.52	108.92	44.55	2 282.91
年发电量/（×10⁸ kW）	650.9	53.49	28.66	12.36	626.41
坝址数/个	75	11	42	43	171

注：装机容量及年发电量在实际合计计算时扣除了重复累计站址。H 代表年平均潮差，单位是 m。

2.4.2.1　潮汐能资源质量

从潮差和海岸类型看，能量密度和库容大小条件以福建、浙江沿岸最好，其次是辽东半岛南岸东侧、山东半岛南岸北侧和广西东部岸段。这些地区潮差大，为基岩港湾的海岸，海岸曲折多海湾，具有很好的潮汐电站建站条件。

2.4.2.2　潮汐能资源开发利用条件评价

全国可开发装机容量 500 kW 以上的潮汐能资源坝址共 171 处，其中辽宁 24 个，河北 1 个，山东 13 个，长江口北支 1 个，浙江 19 个，福建 64 个，广东 23 个，广西 16 个，海南 10 个。

表 2.29　沿海区潮汐能 500 kW 以上站址技术开发量统计

序号	站址	类别	丰富区	较丰富区	可开发区	贫乏区	合计
1	辽宁	装机容量/（×10⁴ kW）	33.94	2.7	12.95	3.06	52.63
		年发电量/（×10⁸ kW·h）	9.33	0.74	3.56	0.83	14.48
		坝址数/个	3	3	11	7	24
2	河北	装机容量/（×10⁴ kW）				0.09	0.09
		年发电量/（×10⁸ kW·h）				0.02	0.02
		坝址数/个				1	1
3	山东	装机容量/（×10⁴ kW）			17.31	0.68	18.03
		年发电量/（×10⁸ kW·h）			3.47	0.13	3.60
		坝址数/个			9	4	13
4	长江口北支	装机容量/（×10⁴ kW）			70.91		70.91
		年发电量/（×10⁸ kW·h）			19.50		19.50
		坝址数/个			1		1
5	浙江	装机量/（×10⁴ kW）	1 203.82	75.67			856.85
		年发电量/（×10⁸ kW·h）	330.97	20.81			235.60
		坝址数/个	16	3			19
6	福建	装机容量/（×10⁴ kW）	1 129.48	45.24	36.25	9.7	1 210.46
		年发电量/（×10⁸ kW·h）	310.60	12.44	9.97	2.67	332.87
		坝址数/个	56	4	2	2	64

序号	站址	类别	丰富区	较丰富区	可开发区	贫乏区	合计
7	广东	装机容量/（$\times 10^4$ kW）			7.26	28.13	35.26
		年发电量/（$\times 10^8$ kW·h）			2.00	7.73	9.70
		坝址数/个			4	19	23
8	广西	装机容量/（$\times 10^4$ kW）			35.15		35.15
		年发电量/（$\times 10^8$ kW·h）			9.66		9.66
		坝址数/个			16		16
9	海南	装机容量/（$\times 10^4$ kW）				3.57	3.57
		年发电量/（$\times 10^8$ kW·h）				0.98	0.98
		坝址数/个				10	10

注：装机容量及年发电量在实际合计计算时扣除了重复累计站址。

潮汐能资源能量密度最高，开发利用条件最好的是福建和浙江两省，其次是辽宁、山东、广西三省自治区。

浙闽两省潮汐资源具有以下特点：

（1）潮差大。大部分地区平均潮差 4~5 m，最大接近 9 m。

（2）地形地质条件优越。沿海港湾多，口小肚大，并有山峦屏障，电站建坝条件好，海水含沙量小，淤积问题不很突出。

（3）电站位于经济发达、交通便利地区，施工条件良好。

（4）多数电站可结合土地围垦、水产养殖等综合开发，具有综合利用经济效益和社会效益。

（5）电站位于具有多种能源结构的电力系统。华东电网规模大，具有调节能力强的已建和待建水电站和抽水蓄能电站，有利于调节吸纳潮汐电能。

2.4.3　各省、市、自治区潮汐能资源开发条件

2.4.3.1　辽宁省

（1）资源数量。本次调查了辽宁省 500 kW 以上的坝址 24 个，蕴藏量为 59.21 × 10^4 kW，技术可开发量为 52.63 × 10^4 kW，年发电量为 14.48 × 10^8 kW·h。

（2）资源质量。辽宁省沿海大部分区域平均潮差都在 2 m 以上，最大值出现在赵氏沟，平均潮差在 4 m 以上。该省的辽东湾两岸潮汐能较小，潮汐能富集区主要集中在黄海沿岸最东端，其中以赵氏沟区为最大，平均功率密度可以达到 4 740 kW/km²。大圈村和南尖村沿海也可达到 3 000 kW/km² 以上。辽东半岛顶部区域平均潮差略小，平均功率密度为 700 kW/km² 左右。

①丰富区。丰富区坝址数为 3 个，蕴藏量 38.19 × 10^4 kW，技术可开发量 33.94 ×

10^4 kW，年发电量 9.33×10^8 kW·h。

②较丰富区。较丰富区坝址数为 3 个，蕴藏量 3.04×10^4 kW，技术可开发量 2.7×10^4 kW，年发电量 0.74×10^8 kW·h。

③可开发利用区。可开发利用区坝址数为 11 个，蕴藏量 14.56×10^4 kW，技术可开发量 12.95×10^4 kW，年发电量 3.56×10^8 kW·h。

④贫乏区。贫乏区坝址数为 7 个，蕴藏量 3.42×10^4 kW，技术可开发量 3.06×10^4 kW，年发电量 0.83×10^8 kW·h。

（3）资源开发利用条件。辽宁省可开发潮汐能资源主要分布于辽东半岛顶部的金县、长海、大连和复县等县市沿海地区，这些地区多为基岩港湾海岸，沿海丘陵台地起伏，海岸曲折多湾，岸壁多岩石陡崖，地势陡峻，坡度较大，具有建港驻坝的良好条件，可供选择开发的坝址较多，开发潮汐能的自然环境条件较好。黄海沿岸东侧庄河、东沟岸段多河口或平原，为淤泥或砾质海岸，地势平坦，近岸水较浅，河口两岸多洼地、淤积滩和沼泽地，故可开发的坝址较少，大部分岸段开发利用条件较差，开发价值较小。

2.4.3.2　河北省

（1）资源数量。本次调查了河北省 500 kW 以上的坝址 1 个，蕴藏量为 0.1×10^4 kW，技术可开发量为 0.09×10^4 kW，年发电量为 0.02×10^8 kW·h。

（2）资源质量。河北省及天津沿海大部分区域平均潮差在 1～2 m。按 10 m 等深线以浅的海域面积进行潮汐能统计得出，河北省潮汐能平均功率密度全省平均值为 317 kW/km^2，总体潮汐能蕴藏量较小，属贫乏区。

贫乏区坝址数为 1 个，蕴藏量为 0.1×10^4 kW，技术可开发量为 0.09×10^4 kW，年发电量为 0.02×10^8 kW·h。

（3）资源开发利用条件。河北省资源全部分布于河口地区，海岸多为泥沙质平原海岸，滩涂宽阔，地势低平，并且各河口多数存在沙淤积问题，开发条件较差，利用价值不大。

2.4.3.3　山东省

（1）资源数量。本次调查了山东省 500 kW 以上的坝址 13 个，蕴藏量为 20.28×10^4 kW，技术可开发量为 17.99×10^4 kW、年发电量为 3.60×10^8 kW·h。

（2）资源质量。山东省沿海区域潮差分布不均，山东半岛北岸潮差较小，平均潮差在 1～2 m，其中龙口和成山头附近潮差很小；山东半岛南岸潮差较大，平均潮差在 2.5～3 m。按 10 m 等深线以浅的海域面积进行潮汐能统计得出，山东省潮汐能平均功率密度全省平均值为 651 kW/km^2。山东省北部沿海至山东半岛东端的成山头附近海区潮汐能资源较小，平均功率密度仅在 500 kW/km^2 左右；山东半岛南部潮汐能资源较大，主要分布在乳山、胶南、日照等沿海地区，大部分地区平均功率密度在 1 000 kW/km^2 以上，其中日照沿岸平均功率密度可达到 2 000 kW/km^2 以上。

①可开发利用区。可开发利用区坝址数为 9 个，蕴藏量 19.52×10^4 kW，技术可开发量 17.31×10^4 kW，年发电量 3.47×10^8 kW·h。

②贫乏区。贫乏区坝址数为 4 个，蕴藏量 0.76×10^4 kW，技术可开发量 0.68×10^4 kW，年发电量 0.13×10^8 kW·h。

（3）资源开发利用条件。山东省沿海潮汐能资源主要分布于山东半岛东端和南部的威海、荣成、文登、乳山、海阳、胶南、日照等县市沿海。该省北部沿海自渤海湾南岸的漳卫新河口至莱州湾东岸的虎头崖，均为平原泥沙海岸。沿海地势平坦，河流甚多，大量的入海泥在沿岸沉积，沿岸滩地宽阔，水浅坡缓，海水含沙量大，岸滩淤积严重。这一岸段由于海岸地质条件差，潮差小，潮汐能资源蕴藏量少，开发利用价值也很小。自掖县的虎头崖向东，尤其是自蓬莱、烟台向东绕过山东半岛东端至整个山东半岛南部，均为基岩港湾海岸。岸线曲折，天然港湾众多，陆水相交处基岩出露，悬崖峭壁，海底地势陡峻，坡度较大。这些岸段蕴藏着较为丰富的潮汐能资源，具有开发潮汐能的良好自然条件。尤其是乳山县的乳山口和海阳县的丁字湾都是较好的中型潮汐电站站址。南部的胶南和日照两县市沿海则有较好的小型潮汐电站站址。

2.4.3.4　江苏省

江苏省沿海大部分区域平均潮差在 3.5 ～ 4.4 m，近岸潮差分布较为均匀，其中小洋口外潮差最大，平均潮差为 4.4 m，最大潮差可达 7 m 以上。按 10 m 等深线以浅的海域面积进行潮汐能统计得出，江苏省潮汐能平均功率密度全省平均值为 2 276 kW/km^2。

由于江苏省沿海除连云港市有一段基岩海岸外，其余均为淤泥粉砂海岸，绝大部分岸段平直，少天然港湾，潮汐能资源只能在河口上开发。而河口上建造潮汐电站与航运、灌溉、排洪等统筹兼顾困难较多，且易产生库区和闸下淤积，故认为江苏省潮汐能资源开发利用价值不大。

2.4.3.5　上海市

（1）资源数量。本次调查了上海市 500 kW 以上的坝址 1 个，蕴藏量为 79.78×10^4 kW，技术可开发量为 17.99×10^4 kW，年发电量为 3.60×10^8 kW·h。

（2）资源质量。上海市沿海平均潮差在 2.4 ～ 3.5 m。按 10 m 等深线以浅的海域面积进行潮汐能统计得出，上海市潮汐能平均功率密度全市平均值为 1 767 kW/km^2。其中滩浒岛附近潮汐能较为丰富，平均功率密度达到 2 500 kW/km^2 以上。长江口北支地区虽然潮差中等，平均功率密度接近 1 500 kW/km^2，由于其库容面积较大，也具有相当大的潮汐能，属较丰富区。

较丰富区坝址数为 1 个，蕴藏量 79.78×10^4 kW，技术可开发量 17.99×10^4 kW，年发电量 3.60×10^8 kW·h。

（3）资源开发利用条件。长江口北支的潮汐能开发利用工程是一个集综合开发利用和综合治理于一体的综合性工程。该工程不仅可以获得巨大的电能，而且还可以兼顾改善南支航道、围垦农田、水产养殖等综合利用效益。鉴于长江北支潮差中等，口门辽阔，风浪较大，地基松软等条件影响，造成电站工程量大，投资较高，技术复杂，施工较困难。同时，根据有关部门的资料分析，北支海水含沙量大，泥沙运动规律也较为复杂。

2.4.3.6 浙江省

（1）资源数量。本次调查了浙江省 500 kW 以上的坝址 19 个，蕴藏量为 964.36 × 10^4 kW，技术可开发量为 856.85 × 10^4 kW，年发电量为 235.60 × 10^8 kW·h。

（2）资源质量。浙江省沿海平均潮差为 2～5 m，并且分布变化较大，其中江厦的潮差较大，平均潮差在 5 m 以上。按 10 m 等深线以浅的海域面积进行潮汐能统计得出，浙江省潮汐能平均功率密度全省平均值为 2 702 kW/km²。潮汐能主要分布在杭州湾、象山湾和乐清湾等港湾，例如，钱塘江口平均功率密度 4 865 kW/km²，乐清湾为 4 761 kW/km²，特别是江厦站附近，潮汐能功率密度达到了 5 500 kW/km² 以上。

①丰富区。丰富区坝址数为 16 个，蕴藏量 1 355.99 × 10^4 kW，技术可开发量 1 203.82 × 10^4 kW，年发电量 330.97 × 10^8 kW·h。

②较丰富区。较丰富区坝址数为 3 个，蕴藏量 85.14 × 10^4 kW，技术可开发量 75.67 × 10^4 kW，年发电量 20.81 × 10^8 kW·h。

（3）资源开发利用条件。浙江省海岸曲折多港湾，开发潮汐能筑坝建库地形条件好，但浙江省沿岸泥沙质海较多，开发潮汐能多存在软基础处理。沿海的潮汐能资源主要分布在杭州湾、象山港、三门湾和乐清湾等港湾，这些港湾的开发规模一般较大。

2.4.3.7 福建省

（1）资源数量。本次调查了福建省 500 kW 以上的坝址 64 个，蕴藏量为 1 361.78 × 10^4 kW，技术可开发量为 1 210.46 × 10^4 kW、年发电量为 332.87 × 10^8 kW·h。

（2）资源质量。福建省沿海潮差较大，大部分地区平均潮差为 4～5 m，三都澳地区潮差最大，平均潮差为 5 m 以上，福建南部潮差较小仅 2 m 左右。按 10 m 等深线以浅的海域面积进行潮汐能统计算得出，福建省潮汐能平均功率密度全省平均值为 3 276 kW/km²，大部分地区平均功率密度达到 4 000 kW/km² 以上，湄洲湾、三都澳、罗源湾、兴化湾、福清湾等海域是福建省潮汐能较富集的地区，其中三都澳平均功率密度近 6 000 kW/km²，平均功率可达 407 × 10^4 kW 以上。

①丰富区。丰富区坝址数为 56 个，蕴藏量 1 270.63 × 10^4 kW，技术可开发量 1 129.48 × 10^4 kW，年发电量 310.60 × 10^8 kW·h。

②较丰富区。较丰富区坝址数为 4 个，蕴藏量 50.9 × 10^4 kW，技术可开发量 45.24 × 10^4 kW，年发电量 12.44 × 10^8 kW·h。

③可开发利用区。可开发利用区坝址数为 2 个，蕴藏量 40.79 × 10^4 kW，技术可开发量 36.25 × 10^4 kW，年发电量 9.97 × 10^8 kW·h。

④贫乏区。贫乏区坝址数为 2 个，蕴藏量 10.9 × 10^4 kW，技术可开发量 9.7 × 10^4 kW，年发电量 2.67 × 10^8 kW·h。

（3）资源开发利用条件。福建省海岸多为基岩港湾型，地质条件好，港湾口一般朝向东南，口外有山丘或岛屿，封闭性较好，拦门沙极少，海水含量少，单站装机规模大等优越条件，是全国潮汐能资源开发利用条件最优越的地区，应重点优先开发利用。福建省潮汐能资源开发还有一个有利的条件，是可以利用已建成而尚未充分发挥效益的围垦区。

2.4.3.8 广东省

（1）资源数量。本次调查了广东省 500 kW 以上的坝址 23 个，蕴藏量为 39.7×10^4 kW，技术可开发量为 35.26×10^4 kW、年发电量为 9.70×10^8 kW·h。

（2）资源质量。广东省沿海平均潮差在 1~2 m，由于潮差较小，潮汐类型又是以不规则半日潮为主的混合潮型，因此整个沿海区域潮汐能较小，平均功率密度较低，是全国沿海能量密度最低的省份之一。

从整体来看，西部沿海潮汐能略高于东部沿岸。广东省潮汐能资源主要分布于珠江口以西沿海，虽然珠江口以西站址数仅占全省的65%，但可开发装机容量却占90%。

①可开发利用区。可开发利用区坝址数为 4 个、蕴藏量 8.18×10^4 kW，技术可开发量 7.26×10^4 kW、年发电量 2.00×10^8 kW·h。

②贫乏区。贫乏区坝址数为 19 个、蕴藏量 31.67×10^4 kW，技术可开发量 28.13×10^4 kW、年发电量 7.73×10^8 kW·h。

（3）资源开发利用条件。广东省潮汐能资源主要分布于珠江口以西沿海，虽然海岸曲折漫长，站址较多，总装机容量较大。但是，能量密度较低。并且多数站址水深较浅，坝址断面较宽，工程量较大，多数坝址存在泥沙淤积问题，有不少站址沼泽淤泥地面积占水库面积的50%以上。故广东省沿海潮汐能资源能量密度低，开发条件差，开发利用价值较小。就省内相对而言，西部沿海优于东部沿海。

2.4.3.9 广西壮族自治区

（1）资源数量。本次调查了广西壮族自治区 500 kW 以上的坝址 16 个，蕴藏量为 39.53×10^4 kW，技术可开发量为 35.15×10^4 kW、年发电量为 9.66×10^8 kW·h。

（2）资源质量。广西壮族自治区沿海平均潮差在 2~3 m，附近岛周围海域潮差略小。按 10 m 等深线以浅的海域面积进行潮汐能统计算得出，潮汐能平均功率密度为 745 kW/km^2。广西壮族自治区潮汐能主要分布在钦州湾内，果子山、龙门等区域，平均功率密度可以达到 900 kW/km^2 以上，另外，铁山港的石头埠区平均功率密度也近 1 000 kW/km^2。

①可开发利用区。可开发利用区坝址数为 16 个、蕴藏量为 39.53×10^4 kW，技术可开发量为 35.15×10^4 kW、年发电量 9.66×10^8 kW·h。

（3）资源开发利用条件。广西壮族自治区是我国沿海潮汐能资源坝址较多的地区，该区潮汐能资源多分布于大风江口以西的钦州市和防城县地区沿海，这是因为东部沿海虽然潮差大于西部，但港湾较少，海岸平直，而西部沿海港湾较多，海岸较曲折，所以站址较多。总之，该区开发条件尚好，有一定开发利用价值。

2.4.3.10 海南省

（1）资源数量。本次调查了海南省 500 kW 以上的坝址 10 个，蕴藏量为 4.0×10^4 kW，技术可开发量为 3.57×10^4 kW、年发电量为 0.98×10^8 kW·h。

（2）资源质量。按 10 m 等深线以浅的海域面积进行潮汐能统计算得出，海南省（海南岛）潮汐能平均功率密度为 255 kW/km^2。海南省沿海属于弱潮区。潮差较小，大部分沿海地区平均潮差在 1 m 左右，潮汐能蕴藏量较低。另外，西沙、南沙、中沙群岛海域潮汐能密度也非常低，属贫乏区。

贫乏区坝址数为 10 个，蕴藏量为 4.0×10^4 kW，技术可开发量为 3.57×10^4 kW，年发电量为 0.98×10^8 kW·h。

（3）资源开发利用条件。由于海南省沿海多数坝址水深浅，普遍存在泥沙淤积等问题，所以该省沿海潮汐能资源能量密度低，开发利用条件差，开发利用价值甚小。

2.5 潮流能

2.5.1 我国潮流能资源储量及分布

2.5.1.1 总储量及分布情况

我国潮流能资源丰富，根据"908 可再生能源调查"及相关理论研究结果显示：全国 99 条主要水道的潮流能蕴藏量超过 833×10^4 kW，技术可开发量为 166.4×10^4 kW（表 2.30、表 2.31，图 2.14）。

表 2.30 我国各省（自治区）潮流能资源状况

序号	省（自治区）	蕴藏量/（×10⁴ kW）	水道（岬）数
1	辽宁省	30	5
2	山东省	115	9
3	江苏省（含沪）	56	5
4	浙江省	519	37
5	福建省	47	20
6	广东省	13	16
7	广西壮族自治区	2	4
9	海南省	50	3
合计		832	99

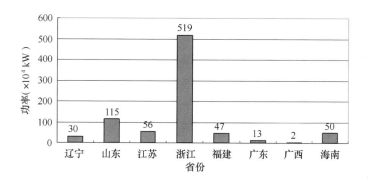

图 2.14 我国各省（自治区）潮流能资源分布

表 2.31　沿海各水道的潮流能资源

序号	省份	水道名称	潮流速度 /(m/s)		能流密度 /(kW/m²)			蕴藏量 /(×10⁴ kW)			可开发量 /(×10⁴ kW)			开发等级
			大潮期平均	小潮期平均	大潮期	小潮期	年平均	大潮期	小潮期	年平均	大潮期	小潮期	年平均	
1	辽宁	老铁山北侧	1.27	0.75	2.2	0.46	1.04	45.638	8.936	21.626	9.128	1.787	4.325	3
2	山东	老铁山南侧	0.64	0.38	0.31	0.06	0.15	12.704	2.402	5.975	2.541	0.480	1.195	4
3		登州水道	1.05	0.61	1.61	0.28	0.74	5.467	0.802	2.416	1.093	0.160	0.483	3
4	江苏	小洋口外	1.42	0.55	2.7	0.18	1.05	63.959	5.487	25.875	12.792	1.097	5.175	3
5		杭州湾口北侧	1.52	0.71	3.29	0.36	1.23	39.300	3.578	15.951	7.860	0.716	3.190	3
6		龟山航门	2.77	1.16	21.22	1.76	8.16	60.158	4.965	23.200	12.032	0.993	4.640	1
7		灌门	2.62	1.08	15.86	1.22	6.06	26.096	2.060	10.040	5.219	0.412	2.008	1
8		西堠门水道	2.75	1.13	21.85	1.67	8.25	73.837	5.569	28.116	14.767	1.114	5.623	1
9	浙江	册子水道	0.88	0.34	4.07	0.28	1.5	15.767	1.247	9.135	3.153	0.249	1.827	2
10		金塘水道	1.27	0.53	1.91	0.15	0.73	13.335	1.049	5.108	2.667	0.210	1.022	3
11		螺头水道	2.06	0.84	7.53	0.57	2.87	71.742	5.516	27.392	14.348	1.103	5.478	2
12		清滋门	2.26	0.95	10.7	0.86	4.05	6.698	0.785	3.653	1.340	0.157	0.731	1
13		乌沙门	1.83	0.77	5.43	0.44	2.06	4.096	0.331	1.562	0.819	0.066	0.312	2
14		条扫门	1.64	0.64	5.6	0.37	2.09	17.763	1.184	6.612	3.553	0.237	1.322	2

续表

序号	省份	水道名称	潮流速度/(m/s)		能流密度/(kW/m²)			蕴藏量/(×10⁴ kW)			可开发量/(×10⁴ kW)			开发等级
			大潮期平均	小潮期平均	大潮期	小潮期	年平均	大潮期	小潮期	年平均	大潮期	小潮期	年平均	
15	福建	三都角西北	1.01	0.45	0.92	0.85	0.36	0.233	0.026	0.141	0.047	0.005	0.028	3
16		三都岛东	1.19	0.53	1.6	0.15	0.62	1.717	0.190	1.041	0.343	0.038	0.208	3
17		青山岛东	1.21	0.56	1.54	0.16	0.61	6.656	0.679	3.993	1.331	0.136	0.799	3
18		川石岛	1.19	0.54	1.9	0.17	0.71	0.592	0.046	0.219	0.118	0.009	0.044	3
19		牛山	0.79	0.36	0.43	0.049	0.17	2.251	0.195	0.886	0.450	0.039	0.177	4
20		大屿南文甲	1.05	0.5	1	0.13	0.42	0.983	0.125	0.410	0.197	0.025	0.082	3
21		大竹航门	1.74	0.79	4.82	0.5	1.91	12.001	1.209	5.024	2.400	0.242	1.005	2
22	海南	琼州海峡东	1.94	0.57	6.72	0.25	2.55	105.740	3.520	40.156	21.148	0.704	8.031	2
合计								5 867.33	499.01	2 085.14	1 173.46	99.79	477.05	

注:1. 能流密度指其水平分布的中心(最大)值;
　　2. 根据海流观测点的经纬度,表中"三都角西北"指白马门水道。

2.5.1.2　重点站位（水道）潮流资源情况（图 2.15）

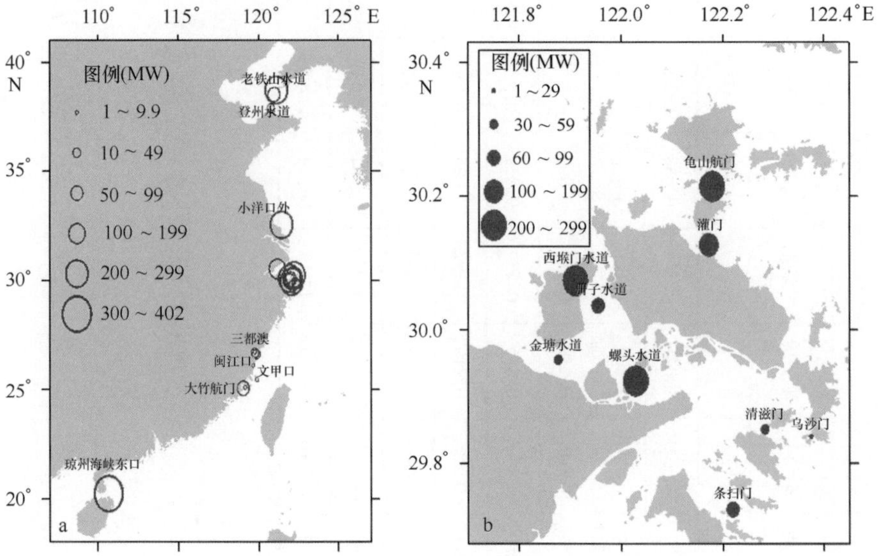

图 2.15　全国重点海域潮流资源情况

2.5.2　我国潮流能资源质量

按照水道或海域最大潮流资源截面（水道横断面）的大潮平均功率密度作为参考值，将潮流资源分为 4 级，分别是丰富区、较丰富区、可开发区及贫乏区（表2.32）。

表 2.32　潮流资源等级

潮流资源等级	等级名称	P 大潮平均功率密度（ρ）/（kW/m²）	最大流速参考值/（m/s）
1	丰富区	$P \geqslant 8$	$V \geqslant 2.5$
2	较丰富区	$4 \leqslant P < 8$	$2 \leqslant V < 2.5$
3	可开发区	$0.8 \leqslant P < 4$	$1.2 \leqslant V < 2$
4	贫乏区	$P < 0.8$	$V < 1.2$

我国潮流能资源丰富，根据"908 可再生能源调查"及相关理论研究结果显示：我国潮流能蕴藏量超过 833×10^4 kW，但空间分布很不均匀。以各省区沿岸的分布状况来看，浙江省沿岸最为丰富，约为 519×10^4 kW，占到了全国潮流能资源总量的一半以上，主要集中于杭州湾口和舟山群岛海域。其次是山东、江苏、海南、福建和辽宁，共计 298×10^4 kW，约占全国总量的 36%，其他省份沿岸潮流能

蕴藏量较少。

无论从潮流能蕴藏量还是能流密度来看，浙江舟山均为潮流能开发最为理想的海区。舟山 9 条水道的潮流能蕴藏量为 1 148 kW。其中，蕴藏量最丰富的 3 条水道分别是西堠门水道（2 810 kW）、螺头水道（2 730 kW）和龟山航门（2 320 kW）。其中，年均能流密度在 4 kW/m² 以上的地点有：西堠门水道（8.25 kW/m²）、龟山航门（8.16 kW/m²）、灌门（6.06 kW/m²）和清滋门（4.05 kW/m²）。

除了舟山海区外，琼州海峡东口（40.1×10⁴ kW）、老铁山北侧（21.6×10⁴ kW）和小洋口外（25.8×10⁴ kW）海区的潮流能蕴藏量也相当可观。琼州海峡东口的能流密度达到 2.55 kW/m²。

表 2.33 我国各省（自治区）潮流能资源状况

序号	省（自治区）	蕴藏量/（×10⁴ kW）	水道（岬）数
1	辽宁省	30	5
2	山东省	115	9
3	江苏省（含沪）	56	5
4	浙江省	519	37
5	福建省	47	20
6	广东省	13	16
7	广西壮族自治区	2	4
9	海南省	50	3
合计		832	99

2.5.2.1 潮流能资源质量

根据潮流能的功率密度、理论平均功率及开发利用环境条件等因素，对我国各省沿岸潮流能资源进行简单评价。按地区而论，首先是浙江省舟山海域诸水道，其次是杭州湾口北部、山东省成山头外、渤海海峡北部的老铁山水道北侧以及海南省的琼州海峡等。这些海域具有最大流速高、功率密度大、开发利用条件较好等优点（见图 2.16）。尤其是舟山群岛海域，水道众多，开发利用的潮流能站址选址余地大，可较好地回避与航运交通及海洋开发工程建设的相互影响等问题，且该海域各水道多受岛屿掩护，海况平稳、海底底质类型为基岩，对于座底和漂浮式两类安装方式的潮流能转换装置都适合。

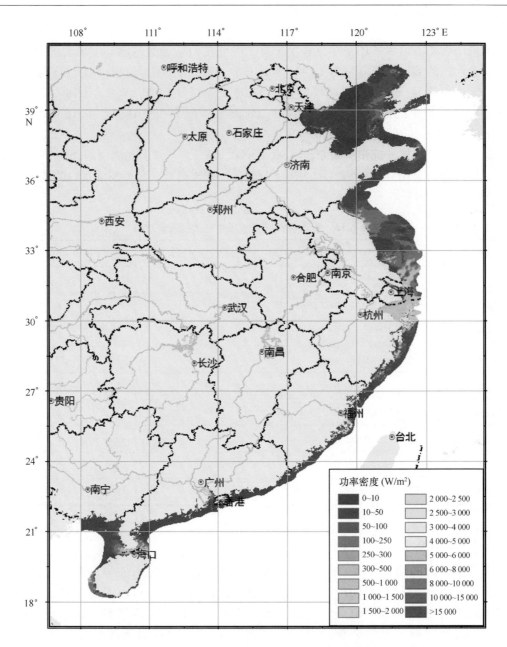

图 2.16　我国近海潮流资源平均功率密度分布

2.5.2.2　潮流能资源开发利用条件评价

潮流能资源能量密度最高，开发利用条件最好的是浙江省，其次是山东、福建、辽宁3省。

浙江舟山海域潮流资源具有以下特点：

（1）流速大。最大潮流流速超过 2 m/s。

（2）地形地质条件优越。海底地形平坦，水深适中，海水含沙量小。

（3）电站位置较好，离岸较近，施工条件良好。

（4）电站位于具有多种能源结构的电力系统。

2.5.3　各省、市、自治区潮流能资源开发条件

2.5.3.1　辽宁省

（1）资源数量。辽宁省沿岸潮流能资源较为丰富，理论平均功率约为 30×10^4 kW。主要分布于北黄海沿岸，包括庙岛群岛、大连湾口、老铁山水道等处。

（2）资源质量及开发利用条件。此次研究表明，辽宁省潮流资源质量一般，最大功率密度都超过 4 kW/m^2 的海域仅为老铁山一处，其中以老铁山水道北侧最为丰富，属于潮流资源较丰富区，实测最大流速可达 2.4 m/s，即最大功率密度超过 7 kW/m^2，该海域平均潮差不足 1 m、无结冰期、海底地质为基岩型；且其水道宽阔，可以轻易回避因漂浮式装置带来的影响通航问题，但存在两点不足之处，一为距离旅顺港军事区较近，有可能对其产生影响；二是距离岸边较远，对后期开发利用的电缆铺设增加风险和资金投入。

2.5.3.2　山东省

（1）资源数量。山东省沿岸潮流能资源较为丰富，理论平均功率约为 115×10^4 kW。此次调查结果及历史研究成果表明，该省沿岸潮流能资源主要分布于山东半岛北部的庙岛群岛海域以及荣成市成山头外海域、胶州湾口等处。

（2）资源质量。此次研究表明，山东省沿岸潮流资源质量一般，最大功率密度都超过 4 kW/m^2 的海域有 2 处，分别为北隍城北侧海域及成山头外，属于较丰富区，其最大流速都超过 2 m/s，且两处海域潮差小、功率密度大、无结冰期、离岸较近，具有较高的开发应用价值，不足之处在于该海域冬季风浪较大，海况恶劣，漂浮式转换装置不太适合。

2.5.3.3　江苏省（包括上海市）

（1）资源数量。江苏省沿岸潮流能资源较弱，理论平均功率为 56×10^4 kW。

（2）资源质量。此次研究表明，江苏省沿岸潮流资源质量一般，受地形因素影响，苏北、苏中浅滩处的潮流资源很弱，其资源富集区主要分布于长江口附近海域，历史研究表明，崇明岛以南的北港最为丰富，其最大流速超过 2.5 m/s，最大功率密度约为 10 kW/m^2，但该处位于通航要道，且水道不宽，因此总资源量并不大。此外，该省北部的启东市、如东市沿岸也有一些强流区，如小洋口外等，最大实测流速为 2.32 m/s，该海域宽阔，总资源蕴藏量较为丰富，但由于该海域强流区水深较浅，且没有稳定的航门水道，开发利用较为困难。

2.5.3.4　浙江省

（1）资源数量。浙江省沿岸潮流能资源极为丰富，是我国沿岸潮流能资源最富集的海域，该省沿岸理论平均功率密度可达 519×10^4 kW。

（2）资源质量。浙江省沿岸潮流资源资源质量极好。该省潮流能资源主要集中于舟山海域和杭州湾口，其中如龟山航门、西候门水道、杭州湾北部等处，属于潮流资源丰富区，实测最大流速可达 3.4 m/s。该海域水道众多，海况平稳、底质为基岩，且离岸较近，

是我国沿岸潮流能资源开发利用最为理想的海域。

2.5.3.5　福建省

（1）资源数量。福建省沿岸潮流能资源蕴藏量较为丰富，理论平均功率为 47×10^4 kW。

（2）资源质量。此次研究表明，福建省沿岸潮流资源质量较好，该省岸线曲折复杂，港湾较多，如三沙湾口、罗源湾口、兴化湾口等处流速较大，海况平稳，海底底质类型为基岩，具有较为优越的开发环境，但这些海域都处于各航道中央，面积较小，在后期的开发只能采用座底式潮流转化装置。

2.5.3.6　广东省

（1）资源数量。此次调查项目并未在广东省沿岸布设潮流站，本文主要参照历史数据及相关研究。其研究表明，广东省沿岸潮流能资源较弱，理论平均功率密度为 13×10^4 kW。

（2）资源质量。此次研究表明，广东省沿岸潮流资源质量一般，历史研究表明：该省潮流能资源主要分布于珠江口以西海域，其中以琼州海峡和雷州半岛东部沿岸较多，但各水道海底地质多为淤泥底，且水深较浅，很不利于潮流能的开发利用。

2.5.3.7　广西壮族自治区

（1）资源数量。广西壮族自治区沿岸潮流能资源蕴藏量较弱，理论平均功率为2.0×10^4 kW。

（2）资源质量。此次研究表明，广西壮族自治区沿岸潮流资源资源质量一般，历史研究表明：广西壮族自治区潮流资源主要分布于大风江口以西几个湾口和水道处，但其最大流速偏小，功率密度不高，且宽滩水浅，海底底质为淤泥底，开发利用价值较小。

2.5.3.8　海南省

（1）资源数量。海南省沿岸潮流能资源蕴藏量较丰富（本文的海南省沿岸包括整个琼州海峡），理论平均功率约为 50×10^4 kW。

（2）资源质量。海南省的潮流能资源主要分布于琼州海峡沿岸，有文献记载，海峡内流速可达3 m/s，即理论最大功率密度约为13.8 kW/m²，应属于潮流资源丰富区，但该海域水深颇深，海况较为恶劣，对开发利用不太有利。

2.6　波浪能

2.6.1　我国波浪能资源总体分布

2.6.1.1　波功率密度分布

总体来说，年平均波功率密度由北到南、由近至远逐渐增大，渤海大部分海域年平均波功率密度小于1 kW/m；黄海北部大部分海域年平均波功率密度处于 $1 \sim 2$ kW/m 之间，黄海南部近岸海域年平均波功率密度处于 1~2 kW/m 之间，离岸较远海域年平均波功率密度处于 2~3 kW/m 之间；东海海域年平均波功率密度较渤海、黄海海域大，其中浙江北部舟山群岛沿岸海域年平均波功率密度普遍大于 2 kW/m，浙江南部大陈岛沿岸海域年平均波功率密度普遍大于 3 kW/m，波浪能资源条件优越，台湾海峡波浪能资源丰富，年平均波功率密度可达 5~6 kW/m；南海北部广东省沿岸海域波浪能资源丰富，大部分海域年平均波功率密度均可达 3~4 kW/m，海南岛附近南部海域较北部海域波浪能资源丰富，北部海域年平均波功率密度小于 2 kW/m 而南部海域均可达 3 kW/m（表2.34，图2.17）。

表 2.34　我国沿海省（市、自治区）波浪能资源统计

序号	省（市、自治区）	蕴藏量		技术可开发量	
		理论装机容量 /（×10⁴ kW）	理论年发电量 /（×10⁸ kW·h）	装机容量 /（×10⁴ kW）	年发电量 /（×10⁸ kW·h）
1	辽宁省	53.29	46.68	18.46	16.17
2	河北省	10.54	9.23	9.95	8.71
3	天津市	1.45	1.27	1.37	1.20
4	山东省	87.64	76.77	48.38	42.38
5	江苏省	32.84	28.77	9.43	8.26
6	上海市	20.77	18.19	16.01	14.02
7	浙江省	196.79	172.39	191.60	167.84
8	福建省	291.07	254.98	291.07	254.98
9	广东省	464.64	407.02	455.72	399.21
10	广西壮族自治区	15.26	13.37	8.11	7.10
11	海南省	425.23	372.50	420.49	368.35
	全国合计	1 599.52	1 401.17	1 470.59	1 288.22

注：不包括台湾省。

数值模拟数据统计计算结果显示，我国近海离岸 20 km 的波浪能蕴藏量为 1 599.52×10⁴ kW。其中，广东省波浪能资源蕴藏量达到 464.64×10⁴ kW，居全国首位；其次是海南省、福建省、浙江省和山东省 4 省，波浪能资源蕴藏量分别为 425.23×10⁴ kW、291.07×10⁴ kW、196.79×10⁴ kW 和 87.64×10⁴ kW，以上 5 省波浪能蕴藏量占全国总量的 91.6%，其他省市区沿岸则很少，蕴藏量在 1.45×10⁴~54.00×10⁴ kW 之间（见图2.18）。

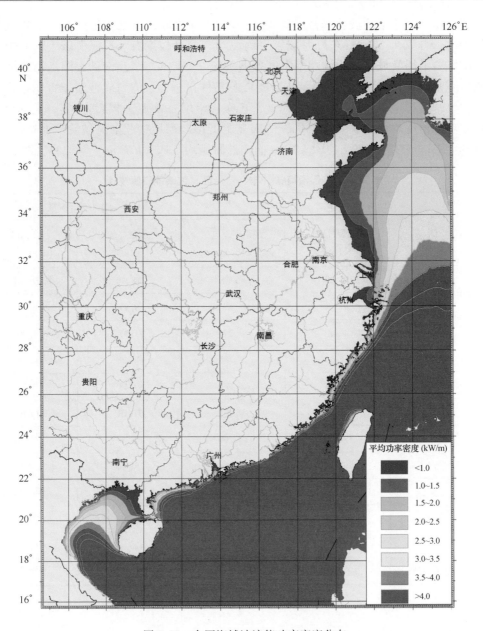

图 2.17　全国海域波浪能功率密度分布

2.6.2　我国波浪能资源质量

根据本项目研究结果：我国近海离岸 20 km 的波浪能蕴藏量为 1 599.52 × 10^4 kW，理论年发电量 1 401.17 × 10^8 kW·h；技术可开发装机容量为 1 470.59 × 10^4 kW，年发电量为 1 288.22 × 10^4 kW·h（见表 2.35）。

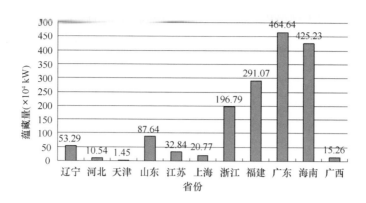

图 2.18　我国各省（市、自治区）波浪能资源分布

表 2.35　我国沿海省（市、自治区）波浪能资源统计

序号	省（市、自治区）	蕴藏量		技术可开发量	
		理论装机容量 /（×10⁴ kW）	理论年发电量 /（×10⁸ kW·h）	装机容量 /（×10⁴ kW）	年发电量 /（×10⁸ kW·h）
1	辽宁省	53.29	46.68	18.46	16.17
2	河北省	10.54	9.23	9.95	8.71
3	天津市	1.45	1.27	1.37	1.20
4	山东省	87.64	76.77	48.38	42.38
5	江苏省	32.84	28.77	9.43	8.26
6	上海市	20.77	18.19	16.01	14.02
7	浙江省	196.79	172.39	191.60	167.84
8	福建省	291.07	254.98	291.07	254.98
9	广东省	464.64	407.02	455.72	399.21
10	广西壮族自治区	15.26	13.37	8.11	7.10
11	海南省	425.23	372.50	420.49	368.35
	全国合计	1 599.52	1 401.17	1 470.59	1 288.22

注：不包括台湾省。

2.6.2.1　资源质量

我国波浪能等级按波浪能功率密度划分（表 2.36）。

表 2.36　全国波浪能评价等级划分

等级	丰富区	较丰富区	可开发区	贫乏区
评价编号	1	2	3	4
依据要素 功率密度（P） /（kW/m）	$P \geqslant 4$	$4 > P \geqslant 2$	$2 > P \geqslant 1$	$P < 1$

　　我国波浪能资源分布很不均匀，从波功率密度来讲，空间上南方沿岸比北方沿岸高，外海比大陆岸边高，外围岛屿比沿岸岛屿高；时间上秋、冬季较高，春、夏季较低。由图2.19可知，我国北方辽宁、河北、天津、山东半岛大部分海区、江苏波浪能资源均为四类区，我国南方上海、浙江北部以及海南北部等海区波浪能资源为三类区，浙江南部、福建北部以及广东西南部等海区波浪能资源为二类区，福建南部、广东东北部、海南西南部以及台湾附近大部分海域波浪能资源为一类区。

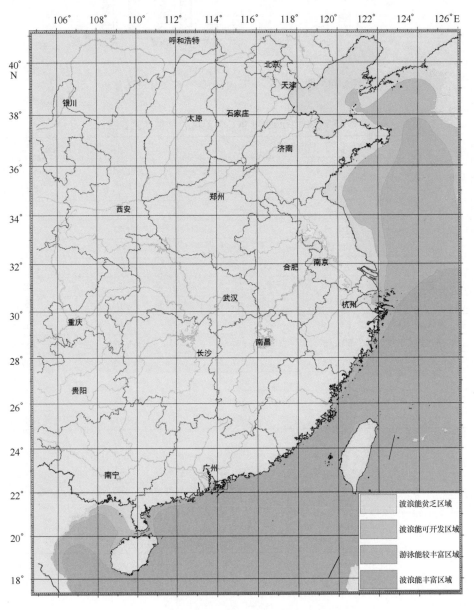

图 2.19　全国沿岸波浪能资源等级分布

2.6.2.2 资源开发利用条件

根据调查，我国沿岸波浪能资源较为丰富地区开发利用条件也较为优越，体现为：

（1）平均波高较大，波功率密度较高且季节变化较小；

（2）多为近岸或者外围岛屿附近，且多为基岩海岸，岸滩较窄、坡度较大；

（3）有较好的社会经济条件和一定的交通条件，且对电力有一定的需求。

2.6.3 各省（市、自治区）波浪能资源开发条件

2.6.3.1 辽宁省

本项目研究结果表明，辽宁省波浪能蕴藏量为 53.29×10^4 kW，理论年发电量 46.68×10^8 kW·h；技术可开发装机容量为 18.46×10^4 kW，年发电量为 16.17×10^8 kW·h。

辽宁省波浪能资源贫乏，大部分海区平均波高在 $0.2 \sim 0.4$ m 之间，最大波高小于 5 m，波浪能平均功率密度在 1 kW/m 以下，全省范围内仅老铁山角外侧蛇岛以外海域以及外长山列岛以外海域波浪能平均功率在 $1 \sim 1.5$ kW/m 之间。

辽宁省虽然海岸线长，跨越渤海和黄海，但沿岸波浪小，波功率密度低，且冬季大部分岸段有结冰期，对开发利用波浪能不利。由于该省大部分时间都以北到西北向风既离岸风为主，沿岸波浪以风浪为主，几乎没有涌浪影响，波浪能资源开发利用价值低。只有离岸远的海岛，如海洋岛、长海岛、长山岛及辽东半岛迎风面的基岩港湾海岸的波浪能资源有开发利用的价值（图 2.20）。

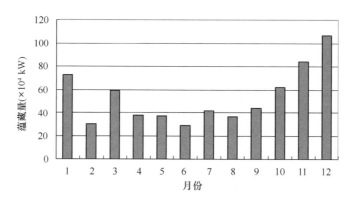

图 2.20 辽宁省波浪能资源年变化

2.6.3.2 河北省

本项目研究结果表明，河北省波浪能蕴藏量为 10.54×10^4 kW，理论年发电量为 9.23×10^8 kW·h；技术可开发装机容量为 9.95×10^4 kW，年发电量为 8.71×10^8 kW·h。

河北省波浪能资源贫乏，沿岸海区平均波高小于 0.4 m，最大波高小于 5 m，波浪能平均功率密度在 0.5 kW/m 以下（见图 2.21）。

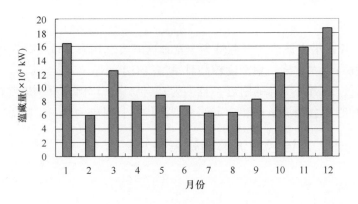

图 2.21　河北省波浪能资源年变化

河北省位于渤海西岸，沿岸不仅波浪小，波功率密度低，波浪能资源蕴藏量少，并且该省大部分海岸为泥沙质海岸，坡缓滩宽，波浪能资源开发利用困难多，价值低。

2.6.3.3　天津市

本项目研究结果表明，天津市波浪能蕴藏量为 1.45×10^4 kW，理论年发电量为 1.27×10^8 kW·h；技术可开发装机容量为 1.37×10^4 kW，年发电量为 1.20×10^8 kW·h（图 2.22）。

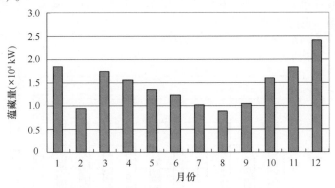

图 2.22　天津市波浪能资源年变化

天津市波浪能资源较差，沿岸海区平均波高小于 0.4 m，最大波高小于 5 m，波浪能平均功率密度在 0.5 kW/m 以下。

天津市位于渤海西岸，沿岸波浪小，海岸线也短，波功率密度低，波浪能资源蕴藏量最少，并且该市几乎 80% 海岸线已被开发利用为港口和工业园区。

2.6.3.4　山东省

本项目研究结果表明，山东省波浪能蕴藏量为 87.64×10^4 kW，理论年发电量为 76.77×10^8 kW·h；技术可开发装机容量为 48.38×10^4 kW，年发电量为 42.38×10^8 kW·h。图 2.23 为山东省波浪能资源年变化。

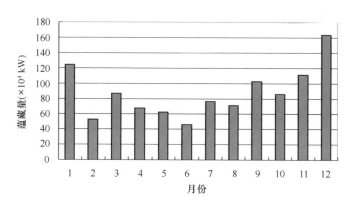

图 2.23 山东省波浪能资源年变化

山东省波浪能资源较为丰富，大部分海区平均波高均大于 0.5 m，个别站点如北隍城、千里岩平均波高在 1.0 m 左右，最大波高达 5 m 以上。该省北隍城附近海域、成山头外海以及千里岩附近海域波浪能功率密度均为 2 kW/m 左右。

山东省沿岸波浪能资源主要分布于山东半岛北岸的龙口和渤海海峡的北隍城，其次是山东半岛东北测的烟台、威海、石岛沿岸和山东半岛的南岸的千里岩、小麦岛直至山东南部日照的石臼所一带沿岸，波浪较大，海岸为基岩港湾型海岸，波浪能资源开发利用的环境条件好，开发利用的价值也大。

2.6.3.5 江苏省

本项目研究结果表明，江苏省波浪能蕴藏量为 32.84×10^4 kW，理论年发电量为 28.77×10^8 kW·h；技术可开发装机容量为 9.43×10^4 kW，年发电量为 8.26×10^8 kW·h。

江苏省波浪能资源贫乏，沿岸平均波高均在 0.4 m 左右，最大波高小于 5 m。该省近岸海域波浪能功率密度均小于 1 kW/m。图 2.24 为江苏省波浪能资源年变化。

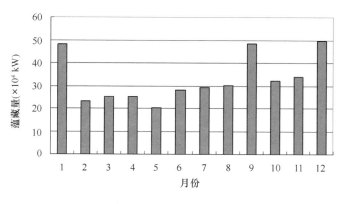

图 2.24 江苏省波浪能资源年变化

江苏省位于黄海西岸，沿岸不仅波浪小，波功率密度低，波浪能资源蕴藏量少，并且该省沿岸为沙质海岸，沿岸近海沙洲密布，近海浅水海域坡度平缓，沙滩宽广，因此，该省大部分沿岸波浪能资源开发利用困难多，波浪能资源开发利用价值不大。只有该省北部沿岸连云港的东西连岛、开山岛和平山岛近海水域开阔，水较深，波浪也大，岛岸都为基岩海岸，波浪能资源开发利用的环境条件好，波浪能资源开发利用价值也高。

2.6.3.6　上海市

本项目研究结果表明，上海市波浪能蕴藏量为 20.77×10^4 kW，理论年发电量为 18.19×10^8 kW·h；技术可开发装机容量为 16.01×10^4 kW，年发电量为 14.02×10^8 kW·h。图 2.25 为上海市波浪能资源年变化。

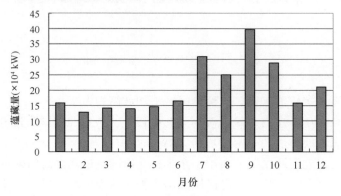

图 2.25　上海市波浪能资源年变化

上海市波浪能资源较为丰富，沿岸平均波高在 0.8 m 左右，最大波高 3 m 左右。该市长江口外海海域波浪能功率密度较大，为 1~2 kW/m。

上海市位于长江口南岸东海的西岸，虽然该市波浪能资源情况较好，但是长江口内外水域，浅滩水道交错，来往船舶很多，交通运输十分繁忙，波浪能资源开发利用的环境条件受到很大制约，波浪能资源开发利用存在许多困难，波浪能资源开发利用价值低。

2.6.3.7　浙江省

本项目研究结果表明，浙江省波浪能蕴藏量为 196.79×10^4 kW，理论年发电量为 172.39×10^8 kW·h；技术可开发装机容量为 191.60×10^4 kW，年发电量为 167.84×10^8 kW·h。图 2.26 为浙江省波浪能资源年变化。

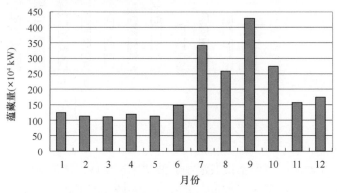

图 2.26　浙江省波浪能资源年变化

浙江省波浪能资源丰富，沿岸大部分海域平均波高均在 0.5 m 以上，个别站点为 1.5 m 左右，最大波高为 8 m 左右。该省北部岱山和舟山群岛外围岛屿波浪能平均功率密度较大，普遍在 2.5 kW/m 以上，尤其是浪岗和东福山附近波浪能平均功率密度在 3.5 kW/m 以上，中部宁波市外海北渔山列岛以及南部大陈岛附近海域波浪能平均功率密度在 4 kW/m 以上。

浙江省沿岸波浪能资源蕴藏量丰富，该省沿岸波浪能资源主要分布在舟山群岛、大陈岛沿岸和浙江省北部、中部沿岸海域，其次是浙江省南部沿岸。该省沿岸波功率密度较高，波浪能资源蕴藏量丰富，许多近海外围岛屿的迎风面都为基岩海岸，具有优越的波浪能资源开发利用的环境条件，是我国波浪能资源开发利用重点海区之一。

2.6.3.8 福建省

本项目研究结果表明，福建省波浪能蕴藏量为 291.07×10^4 kW，理论年发电量为 254.98×10^8 kW·h；技术可开发装机容量为 291.07×10^4 kW，年发电量为 254.98×10^8 kW·h。图 2.27 为福建省波浪能资源年变化。

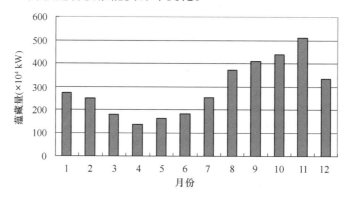

图 2.27 福建省波浪能资源年变化

福建省波浪能资源丰富，沿岸大部分海域平均波高均在 0.5 m 以上，个别站点可达 1.5 m 左右，最大波高可达 14 m 左右。该省北部台山和北礵附近海域波浪能资源较好，波浪能平均功率密度在 3.5 kW/m 以上，中部平潭岛附近海域波浪能平均功率密度最大，普遍在 4 kW/m 以上，其外围牛山岛附近海域波浪能功率密度在 5 kW/m 以上。

福建省沿岸波浪能资源蕴藏量丰富，该省北部沿岸海域面向开阔的东海，因此与该省南部相比较而言，北部区域波浪的波高大，周期大，波功率密度也大，沿岸波浪能资源大部分分布在海坛岛以北沿岸。该省海岸线曲折，突出的半岛、岬角众多，沿岸岛屿连绵不断。这些岛屿、岬角、海岛多为基岩海岸，深水逼岸，海浪较大，因此福建省沿岸也是波浪能资源蕴藏量丰富，波功率密度较高，开发利用的环境条件优越的重点海区之一。

2.6.3.9 广东省

本项目研究结果表明，广东省波浪能蕴藏量为 464.64×10^4 kW，理论年发电量为 407.02×10^8 kW·h；技术可开发装机容量为 455.72×10^4 kW，年发电量为 399.21×10^8 kW·h。图 2.28 为该省波浪能资源的年变化趋势。

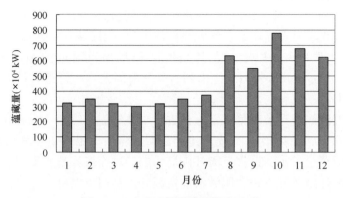

图 2.28　广东省波浪能资源年变化

　　广东省波浪能资源丰富，沿岸大部分海域平均波高均在 0.5 m 以上，个别站点可达 1.5 m 左右，最大波高可达 12 m 左右。该省珠江口以东区域沿海波浪能平均功率密度普遍较大，在 3 kW/m 以上，其中遮浪、万山群岛、担杆岛附近海域波浪能平均功率密度最大，在 4.5 kW/m 以上，其次博贺以及硇洲附近海域波浪能平均功率密度较大，可达 3 kW/m。

　　广东省沿岸波浪能资源蕴藏量丰富，该省沿岸波浪能资源一半以上分布在珠江口以东沿岸岸段，这些地区多为基岩港湾海岸，波浪季节变化小，潮差也小，因此该省东部沿岸岸段是我国波浪能资源蕴藏量丰富，开发条件好的地区之一。

2.6.3.10　广西壮族自治区

　　本项目研究结果表明，广西壮族自治区波浪能蕴藏量为 15.26×10^4 kW，理论年发电量为 13.37×10^8 kW·h；技术可开发装机容量为 8.11×10^4 kW，年发电量为 7.10×10^8 kW·h。图 2.29 为本区波浪能资源年变化。

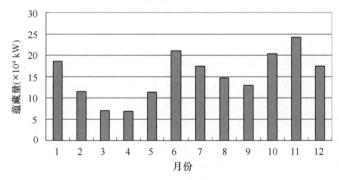

图 2.29　广西壮族自治区波浪能资源年变化

　　广西壮族自治区波浪能资源贫乏，沿岸平均波高均在 0.4 m 左右，最大波高小于 5 m。该区近岸大部分海域波浪能功率密度小于 1 kW/m，仅涠洲岛外海波浪能功率密度稍大。广西壮族自治区位于北部湾北岸，沿岸全年波浪小，波功率密度低，波浪能资源蕴藏量也较少，该区波浪能资源开发利用价值很小。

2.6.3.11　海南省

本项目研究结果表明，海南省波浪能蕴藏量为 425.23×10^4 kW，理论年发电量为 372.50×10^8 kW·h；技术可开发装机容量为 420.49×10^4 kW，年发电量为 368.35×10^8 kW·h。图 2.30 为海南省波浪能资源年变化。

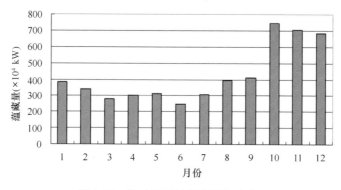

图 2.30　海南省波浪能资源年变化

海南省波浪能资源丰富，该省东部和南部沿岸面向开阔水域，平均波高为 1.5 m 左右，这些海域波浪能功率密度均可达 4 kW/m 以上，而该省北部和西部沿岸所处琼州海峡南岸，水域较为封闭，波浪相对较小，这些海域波浪能功率密度较小。

海南省沿岸波浪能资源蕴藏量丰富，该省由于四面临海，冬季波浪较大，并且有外海涌浪的影响，波功率密度高。东部沿岸部分岸段多为基岩港湾海岸，该省西沙群岛等南海诸岛附近波浪较大，波功率密度较高，开发利用价值也较高。因此该省是我国波浪能资源开发条件较好的地区之一。

2.7　温差能（以我国南海为例）

2.7.1　我国南海温差能资源储量

我国南海海域辽阔，水深大于 800 m 的海域约 $140 \times 10^4 \sim 150 \times 10^4$ km²，位于北回归线以南，太阳辐射强烈，是典型的热带海洋，表层水温均在 25℃ 以上。500～800 m 以下的深层水温在 5℃ 以下，表层与深层水温差在 20～24℃，蕴藏着丰富的温差能资源。经估算，本次温差能计算区域总面积为 198.68×10^4 km²（表 2.37），其中 40.20×10^4 km² 海域年平均表底层最大温差小于 18℃。

表 2.37　各能级区域所占面积

能级/（$\times 10^4$ kJ/m²）	250	350	450	550	650	750	850	950	1 100
功率密度/（kW/km²）	79	111	143	174	206	238	270	301	349
面积/（$\times 10^4$ km²）	9.22	9.53	9.24	9.57	15.54	34.52	41.58	18.84	10.44
所占百分比/%	5.82	6.02	5.83	6.04	9.80	21.78	26.23	11.89	6.58

2.7.2 南海温差能资源质量

我国海域辽阔，渤海、黄海、东海温差能蕴藏量较小，南海和台湾以东海区水深较深，表层温度高，蕴藏着巨大的温差能量。全国90%以上温差能分布在南海，本次海洋温差能评价主要针对南海海域进行。

本次温差能资源评估主要针对南海进行了统计计算，南海与底层海水温差≥18℃水体蕴藏的温差能为 $1\,160 \times 10^{16}$ kJ，根据布鲁克尔（W. S. Broecker）海洋循环的研究，取温差能补偿周期为 1 000 年，则南海计算区域内温差能理论装机容量为 3.67×10^8 kW，取热效率为7%，技术上可开发利用的温差能为 $2\,570 \times 10^4$ kW。

2.7.2.1 南海温差能资源质量

南海资源最丰富，开发条件优越，西沙是最适合先期开发的试验场地。据王传崑和吴文等的计算，南海温差能蕴藏量约为 $1\,296 \times 10^{16} \sim 1\,384 \times 10^{16}$ kJ（见图2.31）。

南海北临中国大陆和台湾岛，南接大巽他群岛，东邻菲律宾群岛，西靠中南半岛和马来半岛，海域的东西均靠海峡、水道与太平洋和印度洋相通，为半封闭的陆缘海。南海的大陆架基本上沿四周大陆、岛弧呈环状分布，以西北和西南部最宽，而东西两侧甚窄。被四周陆架围绕的是近似菱形的深水海域，长轴自台湾岛西南向南沙群岛西北部延伸，其中央为大于 3 500 m 的中央海盆，东沙群岛、西沙群岛和中沙群岛、南沙群岛分别在海盆的北部、西部、南部围绕。南海平均水深 1 212 m，最大水深 5 559 m，面积达 350×10^4 km^2，是中国近海及毗邻海域中的面积最大、水深最深的海。

南海北部海区大部分为大陆架，东南部为深水区，1 000 m 等深线距离大陆海岸线 300 ～ 400 km，距汕头市海岸最近处约为 200 km，距海南岛和东沙群岛分别约 90 km 和 50 km。本区东南部具有较好的深水区和表、深层水温差条件，但因其距离大陆和岛礁较远，不具备修建陆基电站的条件，不适于最先试验性开发。而与南海中、南部相比，本区距离大陆最近，在未来的温差能资源开发中后方供应联络最为方便。

南海南部深水海区，南沙群岛占据其中，东南部海区形似海底连绵的山脉呈东北—西南排列。本区温差能资源和开发条件优越，具有广阔的开发前景。但因其距离大陆最远，均在 1 000 ～ 1 500 km 之间，也不适于作为近期开发的对象。

南海中部深水海区的西北有西沙和中沙群岛。西沙群岛为一群坐落在 900 ～ 1 000 m 的大陆坡台阶上的岛礁，其边坡陡峻，是良好的陆基式或陆架式温差电站站址。西沙群岛中的永兴岛是南海诸岛的行政、经济、军事中心，有较多的常住人口，在军事上具有重要意义。但其能源和淡水均需由大陆供应，因路途遥远，十分不便，成本较高。如能开发利用温差能资源，既能提供能源，又可获得淡水，还可以利用深层水用作空调和养殖，具有一举多得的效益。西沙群岛是最适合首先开始温差能开发试验的场地。

综上所述，从资源蕴藏量、资源能量密度和开发条件来看，南海中部海区和台湾以东海区是我国海洋温差能开发利用的理想场地。故本评价项目选取南海海域为重点区域计算温差能蕴藏量、可开发利用量，并对其资源质量及开发利用条件进行评价（见图2.32）。

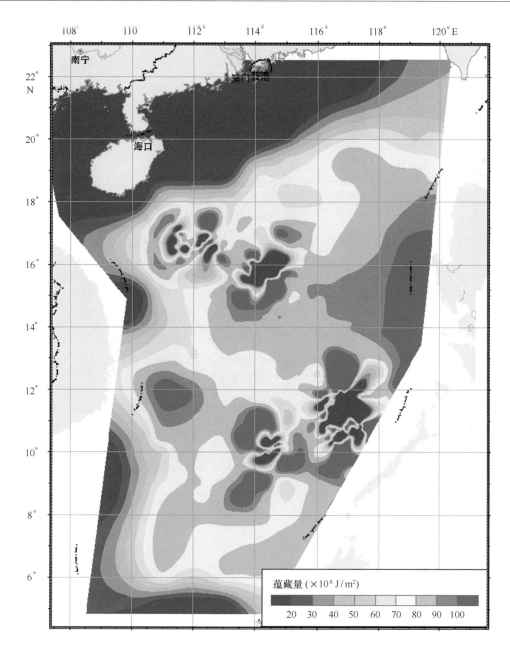

图 2.31　南海年平均单位面积海面温差能蕴藏量分布

2.7.2.2　南海海域温差能资源评价

南海海域是温差能的重点海域，其表层与底层海水温差≥18℃水体蕴藏的温差能为 $1\,160 \times 10^{16}$ kJ，取温差能补偿周期为 1 000 年，则南海计算区域内温差能理论装机容量为 3.67×10^{8} kW，取热效率为 7%，技术上可开发利用的温差能为 $2\,570 \times 10^{4}$ kW。

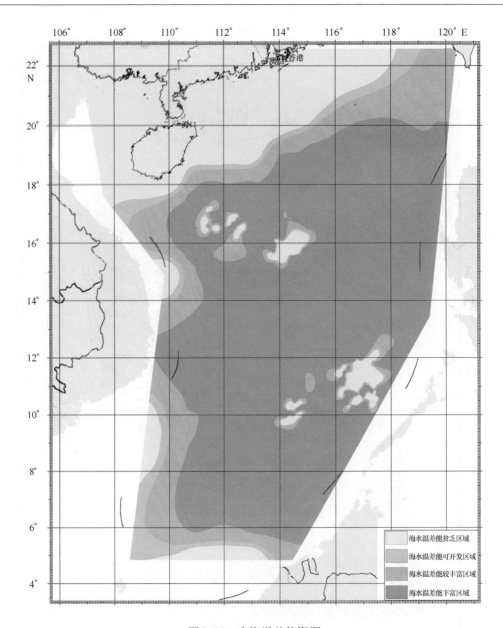

图 2.32　南海温差能资源

　　我国南海温差能蕴藏量分布的主要特点是：春季温差能蕴藏量较小，主要集中在中部，西沙群岛附近海域蕴藏量较大；夏、秋两季蕴藏量丰富，主要集中在中部和东部水深较大的区域；冬季蕴藏量最小，整体分布比较均匀，东沙群岛附近海域由于暖水层厚度增加，温差能蕴藏最大（见图 2.33）。

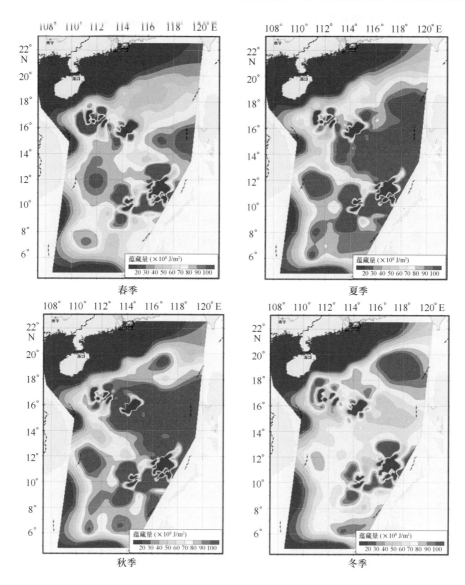

图 2.33 南海四季单位面积海面温差能蕴藏量分布

2.8 盐差能

2.8.1 我国海域盐差能资源储量及分布情况

2.8.1.1 总体分布

经估算，我国近岸 22 条主要河流盐差能蕴藏量约为 1.13×10^{8} kW，长江占总量的 68%左右。

表 2.38　我国主要河流盐差能蕴藏量统计

省(市、自治区)	河流	流量/(m³/s)	蕴藏量 装机容量/($\times 10^4$ kW) 河流	蕴藏量 装机容量/($\times 10^4$ kW) 省合计	蕴藏量 年发电量/($\times 10^8$ kW·h) 河流	蕴藏量 年发电量/($\times 10^8$ kW·h) 省合计	技术可开发量 装机容量/($\times 10^4$ kW) 河流	技术可开发量 装机容量/($\times 10^4$ kW) 省合计	技术可开发量 年发电量/($\times 10^8$ kW·h) 河流	技术可开发量 年发电量/($\times 10^8$ kW·h) 省合计	占全国百分比/%
辽宁	鸭绿江	918	214	278	187.5	243.6	21.4	27.8	9.4	12.2	2.46
	辽河	273	64		56.1		6.4		2.8		
河北	滦河	145	34	34	29.8	29.8	3.4	3.4	1.5	1.5	0.30
山东	黄河	1 329	310	310	271.6	271.6	31	31	13.6	13.6	2.74
江苏	射阳河	153	36	36	31.5	31.5	3.6	3.6	1.6	1.6	0.32
上海	长江	32 306	7 715	7 715	6 758.3	6 758.3	771.5	771.5	337.9	337.9	68.22
浙江	钱塘江	697	169	346	148.0	303	16.9	34.6	7.4	15	3.06
	瓯江	347	69		60.4		6.9		3.0		
	椒江	211	49		42.9		4.9		2.1		
	飞云江	141	33		28.9		3.3		1.4		
	甬江	109	26		22.8		2.6		1.1		
福建	闽江	1 237	294	422	257.5	369.7	29.4	42.2	12.9	18.5	3.73
	九龙江	249	60		52.6		6		2.6		
	晋江	161	38		33.3		3.8		1.7		
	交溪	129	30		26.3		3		1.3		
广东	珠江	7 577	1 864	2 052	1 632.9	1 797.6	186.4	205.2	81.6	89.8	18.14
	韩江	377	97		85.0		9.7		4.2		
	漠阳江	199	46		40.3		4.6		2.0		
	鉴江	191	45		39.4		4.5		2.0		
广西	南流江	168	39	39	34.2	34.2	3.9	3.9	1.7	1.7	0.34
海南	南渡江	189	44	77	38.5	67.4	4.4	7.7	1.9	3.3	0.68
	万泉河	141	33		28.9		3.3		1.4		
合计		47 247	11 309		9 906.7		1 130.9		495.3		

盐差能开发利用难度大，目前的开发利用手段都不成熟，根据施密特的观点，盐差能技术可开发装机容量为蕴藏量的10%，实际可开发量为蕴藏量的1%，则我国海洋盐差能技术可开发利用量约为 1 131 × 10⁴ kW，实际可开发利用量约为 113 × 10⁴ kW。

根据计算所得数据绘制海洋盐差能分布图，如图2.34。

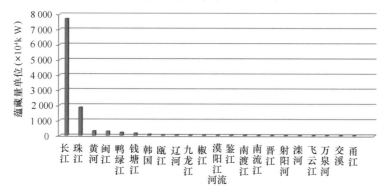

图2.34　我国主要河口盐差能分布

2.8.1.2　重点站盐差能资源

重点调查区域各季及年平均盐差能。从表2.39可以看出，长江盐差能蕴藏量最大，其次是珠江，两条江占重点调查区总量的93%左右。

表2.39　重点调查区域四季及年平均盐差能　　　　　单位：×10⁴ kW

站名	春季	夏季	秋季	冬季	年平均
长江	5 299	11 395	10 006	4 158	7 715
钱塘江		227		111	169
瓯江	76.4	125.1	55.2	23.2	68.8
闽江	315	520	207	133	294
九龙江	49.8	116	44.1	30.4	59.6
韩江	101	177	52.7	60.2	96.5
珠江	1 298	4 131	1 176	851	1 864

2.8.2　盐差能资源质量及开发利用条件

2.8.2.1　盐差能资源质量

我国幅员辽阔，沿海河流众多，年入海径流丰富。本次调查统计的22条主要河流年流量为 4.72 × 10⁴ m³/s，年径流总量为 1.49 × 10¹² m³，计算得河流盐差能蕴藏量为 1.13 × 10⁸ kW，技术可开发量 1 130.9 × 10⁴ kW，年发电量约 495.3 × 10⁸ kW·h（见表2.40，图2.35，图2.36）。

表 2.40　全国盐差能资源统计

	丰富区	较丰富区	可开发利用区	贫乏区
蕴藏量/（×10⁴ kW）	$P \geqslant 200$	$100 \leqslant P < 200$	$20 \leqslant P < 100$	$P < 20$
技术可开发量/（×10⁴ kW）	$P \geqslant 20$	$10 \leqslant P < 20$	$2 \leqslant P < 10$	$P < 2$
年发电量/（×10⁸ kW·h）	$P \geqslant 8.8$	$4.4 \leqslant P < 8.8$	$0.9 \leqslant P < 4.4$	$P < 0.9$
占全国比重/%	91.9	1.5	6.6	

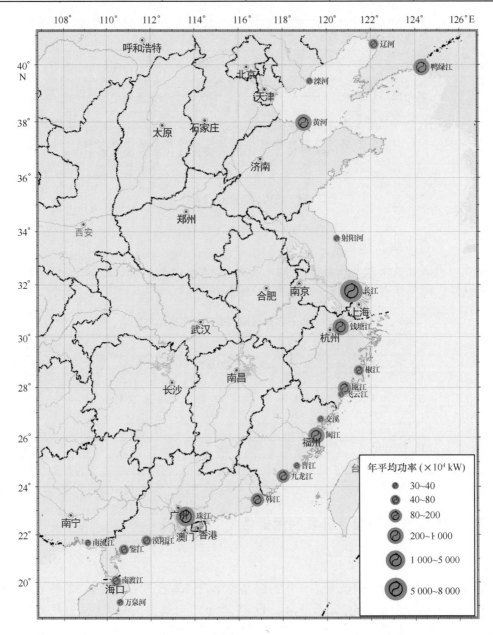

图 2.35　全国盐差能年平均功率

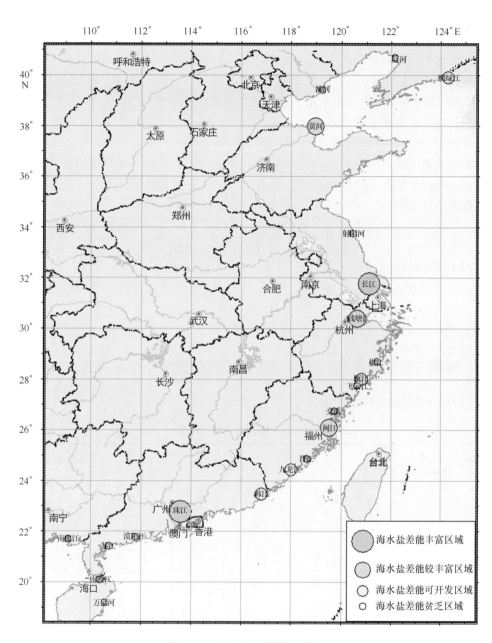

图 2.36 全国盐差能资源分布

2.8.2.2　盐差能开发利用条件

我国盐差能能量密度高，分布非常集中，主要集中在南方，尤其是能源需求量较大的沿海大城市，如上海、广东和珠海盐差能蕴藏量占全国的80%左右。

季节变化剧烈，年际变化明显。长江以北的河流汛期一般为6—9月或7—10月，汛期4个月的入海水量占全年的70%~80%，只有淮河占62%；长江以南的汛期为4—7月或5—9月，汛期4个月的入海水量占年入海水量的50%~65%。

此外，含沙量可能是影响盐差能开发利用质量的一个重要因素；污染状况虽然可以控制，但现阶段状况至少是影响短期质量的因素。

由于盐差能主要集中在沿海大城市附近，这些地区一般矿产资源比较匮乏，而能源需求又很大，所以如果能有效的开发利用盐差能将对解决能源问题，推动社会经济发展有非常大的帮助。

长江、珠江等大河流流量大，盐差能蕴藏量丰富，但由于淡水冲淡作用的影响，河口至外海盐度稳定海区的距离较远，加大了开发利用的难度，而中小型河流冲淡作用较小，开发利用条件相对较好。

河流的盐差能蕴藏量随流量变化波动，因此盐差能是海洋可再生能源中较不稳定的一种能源，汛期盐差能蕴藏量丰富，而枯水期能量相对小很多，北方尤其明显，且在冬季都有时间不等的冰期，对盐差能开发利用非常不利。

2.8.3　各省（市、自治区）盐差能资源开发条件

表2.41为全国盐差能评价表。

表2.41　全国盐差能评价表

序号	省（市、自治区）	类　别	丰富区	较丰富区	可开发利用区	合计
1	辽宁	技术可开发量/（×10⁴ kW）	21.4		6.4	27.8
		年发电量/（×10⁸ kW·h）	9.4		2.8	12.2
		统计河口数量/个	1		1	2
2	河北	技术可开发量/（×10⁴ kW）			3.4	3.4
		年发电量/（×10⁸ kW·h）			1.5	1.5
		统计河口数量/个			1	1
3	山东	技术可开发量/（×10⁴ kW）	31			31
		年发电量/（×10⁸ kW·h）	13.6			13.6
		统计河口数量/个	1			1
4	江苏	技术可开发量/（×10⁴ kW）			3.6	3.6
		年发电量/（×10⁸ kW·h）			1.6	1.6
		统计河口数量/个			1	1

续表

序号	省（市、自治区）	类别	丰富区	较丰富区	可开发利用区	合计
5	上海	技术可开发量/（×10⁴ kW）	771.5			771.5
		年发电量/（×10⁸ kW·h）	337.9			337.9
		统计河口数量/个	1			1
6	浙江	技术可开发量/（×10⁴ kW）		16.9	17.7	34.6
		年发电量/（×10⁸ kW·h）		7.4	7.8	15.2
		统计河口数量/个		1	4	5
7	福建	技术可开发量/（×10⁴ kW）	29.4		12.8	42.2
		年发电量/（×10⁸ kW·h）	12.9		5.6	18.5
		统计河口数量/个	1		3	4
8	广东	技术可开发量/（×10⁴ kW）	186.4		18.8	205.2
		年发电量/（×10⁸ kW·h）	81.6		8.2	89.8
		统计河口数量/个	1		3	4
9	广西	技术可开发量/（×10⁴ kW）			3.9	3.9
		年发电量/（×10⁸ kW·h）			1.7	1.7
		统计河口数量/个			1	1
10	海南	技术可开发量/（×10⁴ kW）			7.7	7.7
		年发电量/（×10⁸ kW·h）			3.4	3.4
		统计河口数量/个			2	2

2.8.3.1 辽宁省

（1）鸭绿江口。鸭绿江入海流量资料取自荒沟、梨树沟两水文站，资料年限为1965—1974 年。其流量年内季节分配极不平衡（表 2.42、表 2.43）。

表2.42 鸭绿江多年月平均盐差能功率统计　　单位：×10⁴ kW

月份	1	2	3	4	5	6	7	8	9	10	11	12
功率	14.8	12.4	14.8	14.8	16.1	17.3	26.0	32.2	19.8	16.1	14.8	14.8

表2.43 鸭绿江盐差能功率年际变化统计　　单位：×10⁴ kW

年份	1965	1966	1967	1968	1969	1970	1971	1972	1973	1974	多年平均
功率	184.3	218.9	267.2	190.5	175.7	181.8	215.2	227.6	269.7	217.7	215.2

（2）辽河口（双台子河口、大辽河口）。辽河和双台子河 1963—1982 年入海流量资料（取自邢家窝堡、唐马寨和朱家房 3 个水文站）（见表 2.44~表 2.47）。

表 2.44　辽河多年月平均盐差能功率统计　　　单位：$\times 10^4$ kW

月份	1	2	3	4	5	6	7	8	9	10	11	12	总计
功率	0.5	0.4	1.0	1.7	2.5	2.8	6.6	10.1	4.5	2.4	1.4	0.7	34.5

表 2.45　双台子河多年月平均盐差能功率统计　　　单位：$\times 10^4$ kW

月份	1	2	3	4	5	6	7	8	9	10	11	12	总计
功率	0.1	0.1	0.7	1.6	1.6	2.2	5.2	9.5	4.8	2.1	1.1	0.4	29.3

表 2.46　辽河盐差能功率年际变化统计（1983—1987 年）　　　单位：$\times 10^4$ kW

年份	1983	1984	1985	1986	1987
功率	24.4	24.7	76.2	80.0	37.2

表 2.47　双台子河盐差能功率年际变化统计（1987—1992 年）　　　单位：$\times 10^4$ kW

年份	1987	1988	1989	1991	1992
功率	36.4	26.5	19.2	36.5	16.9

2.8.3.2　河北省

河北省主要入海河流为滦河。

滦河径流的基本特征是集中在夏季，6—9 月盐差能功率约占全年总量的 75% 左右，丰、枯水年的盐差能功率相差甚大，丰水年盐差能功率为枯水年的 38 倍左右（表 2.48）。

表 2.48　滦河各站月平均盐差能功率　　　单位：$\times 10^4$ kW

站　名	1	2	3	4	5	6	7	8	9	10	11	12
三道河	1.0	1.2	2.8	6.8	3.1	4.6	10.4	16.1	8.8	5.9	3.5	1.4
潘家口	3.2	4.0	7.4	11.1	5.6	12.7	48.0	64.4	27.6	15.7	10.3	5.2
罗家屯	4.6	5.2	8.5	12.1	6.2	15.5	65.1	87.8	34.8	19.3	13.1	6.7
滦县	7.3	8.2	11.9	19.5	10.4	18.6	94.0	134.7	48.5	25.5	17.7	10.3
合计	16.1	18.6	30.6	49.7	25.9	51.2	217.5	303.1	119.5	66.4	44.5	23.6

2.8.3.3　山东省

根据历史资料，黄河多年平均径流量为 1 330 m^3/s，多年平均盐差能蕴藏量为 310×10^4 kW（表 2.49）。

表 2.49　黄河清水沟流路径流量、盐差能蕴藏量统计

年份	年平均径流量/（m^3/s）	年平均盐差能蕴藏量/（$\times 10^4$ kW）
1976	1 424	3 318
1977	786	1 832
1978	821	1 914

续表

年份	年平均径流量/（m³/s）	年平均盐差能蕴藏量/（×10⁴ kW）
1979	856	1 995
1980	599	1 396
1981	1 097	2 556
1982	942	2 194
1983	1 557	3 628
1984	1 417	3 303
1985	1 234	2 874
1986	498	1 160
1987	342	798
1988	615	1 433
1989	764	1 781
1990	837	1 951
平均	919	2 142

2.8.3.4 上海市

上海市入海河流为长江，多年统计资料见表 2.50 ～ 表 2.52。

表 2.50 长江多年盐差能功率统计 单位：×10⁴ kW

月份	1	2	3	4	5	6	7	8	9	10	11	12	年平均
平均功率	2 410	2 600	3 570	5 450	8 290	9 500	11 470	10 730	9 960	8 320	5 880	3 550	6 810
最大功率	4 120	4 500	5 630	7 300	12 000	14 040	17 420	19 510	16 520	12 860	10 060	6 740	10 890
最小功率	1 620	1 740	1 850	2 970	5 650	6 300	7 370	6 000	6 070	3 890	2 620	1 920	4 000

表 2.51 长江大通站最大、最小功率及出现日期（1971—1979 年） 单位：×10⁴ kW

特 征	1971 年	1972 年	1973 年	1974 年	1975 年	1976 年	1977 年	1978 年	1979 年
最大流量	12 510	9 130	16 220	15 060	14 160	13 990	15 620	10 750	11 030
出现日期	6.10	6.8	7.1	7.20	5.24	7.18	6.30	7.2	7.3
最小流量	1 720	1 610	2 020	1 800	2 020	1 860	1 910	1 630	1 450
出现日期	12.29	1.27	12.31	1.19	1.23	2.3	1.31	1.31	1.27
变幅	7.27	5.67	8.03	8.39	7.00	7.52	8.18	6.56	7.59
特征年	少水年	少水年	丰水年	平水年	丰水年	平水年	平水年	少水年	少水年

表 2.52　2008—2010 年长江徐六泾实测数据计算结果　　单位：$\times 10^4$ kW

项目	春季	夏季	秋季	冬季	年平均
盐差能功率密度	5 299	11 395	10 006	4 158	7 715

2.8.3.5　浙江省

浙江省主要入海河流有钱塘江、瓯江、椒江、飞云江、甬江等。

（1）钱塘江口。钱塘江多年平均盐差能蕴藏量为 287×10^4 kW，年平均最大功率 515.8×10^4 kW，年平均最小功率 167.0×10^4 kW，最大年和最小年比值钱塘江为 3.08。2008 年实测资料计算钱塘江年平均盐差能功率为 169×10^4 kW。

（2）瓯江口。多年平均盐差能功率 146.0×10^4 kW，年平均功率最大为 147.2×10^4 kW，最小为 81.6×10^4 kW（表 2.53、表 2.54）。

表 2.53　瓯江圩仁站盐差能功率统计　　单位：$\times 10^4$ kW

年份	1 月	2 月	3 月	4 月	5 月	6 月	7 月	8 月	9 月	10 月	11 月	12 月	年平均
枯水年 1967	22.3	4.9	8.7	81.6	157.1	242.5	287.0	38.3	7.4	4.9	2.5	6.2	71.9
丰水年 1952	48.2	27.2	91.5	231.3	87.8	288.2	257.3	452.7	85.4	231.3	38.3	11.1	154.2

表 2.54　2009 年瓯江实测资料计算盐差能功率

	春季	夏季	秋季	冬季	年平均
河口外海水温度/℃	14.84	25.62	23.60	10.02	18.52
河口外海水盐度	26.12	26.11	27.08	24.12	25.86
流量/（m³/s）	381.15	602.02	257.62	127.50	342.07
盐差能功率密度/（$\times 10^4$ kW）	76.4	125.1	55.2	23.2	68.8

2.8.3.6　福建省

福建省主要入海河流有闽江、九龙江、晋江、交溪等。

（1）闽江口。闽江盐差能蕴藏量较大，闽江入海口的盐差能多年平均功率为 440.4×10^4 kW。功率的年际变化大，年平均功率最大值与年平均功率最小值之比为 2.98；年平均功率最大值 670.5×10^4 kW，年平均功率最小值为 225.1×10^4 kW。功率内分配不均匀，汛期 4—9 月功率最大，多年平均功率，最大出现于 6 月，最小出现于 12 月（表 2.55、表 2.56）。

表 2.55　闽江盐差能各月分配

月　份	1	2	3	4	5	6	7	8	9	10	11	12
分配率/%	3.0	4.1	7.3	11.5	18.3	22.7	10.8	6.7	5.6	4.1	3.0	2.9

表 2.56 闽江 2009 年实测资料计算盐差能功率   单位：×10⁴ kW

项目	春季	夏季	秋季	冬季	年平均
盐差能功率密度	315	520	207	133	294

（2）九龙江口。九龙江各溪，据多年资料统计分析，浦南、郑店盐差能功率在 $722.4 \times 10^4 \sim 801.6 \times 10^4$ kW 之间。功率的年际间变化，最大年平均功率与最小年平均功率的比值 2～3。功率年内分配，多年平均最大功率都出现在 6 月，最小功率出现在 12 月或 1 月（表 2.57、表 2.58）。

表 2.57 九龙江各月平均盐差能功率   单位：×10⁴ kW

站名	1 月	2 月	3 月	4 月	5 月	6 月	7 月	8 月	9 月	10 月	11 月	12 月
浦 南	320	450	680	1 010	1 860	2 820	1 410	1 250	1 180	660	410	330
郑 店	360	430	490	750	1 250	2 210	1 690	1 620	1 710	870	570	410
草浦头入海	330	450	630	930	1 670	2 630	1 500	1 360	1 340	720	460	360

表 2.58 2009 年九龙江实测资料计算盐差能功率

项目	春季	夏季	秋季	冬季	年平均
河口外海水温度/℃	18.86	27.62	25.25	15.74	21.87
河口外海水盐度	30.21	30.74	30.52	30.03	30.38
流量/（m³/s）	211.60	472.72	181.60	131.48	249.38
盐差能功率密度/（×10⁴ kW）	49.8	116	44.1	30.4	59.6

2.8.3.7 广东省

广东省主要入海河流有珠江、韩江、贺江等，这里主要介绍珠江和韩江的盐差能蕴藏情况。

（1）珠江。珠江流量年际变化较大，故而盐差能功率的年际变化也较大（表 2.59 ～表 2.61）。

表 2.59 珠江八大口门多年平均盐差能功率   单位：×10⁴ kW

口 门	年平均功率	占珠江流域总量的成数/%
虎 门	424.3	18.5
蕉 门	397.1	17.3
洪奇门	147.2	6.4
横 门	257.3	11.2
磨刀门	649.4	28.3
鸡啼门	138.5	6.0
虎跳门	142.3	6.2
崖 门	138.5	6.0
合 计	2 294.6	100

表2.60　珠江盐差能功率逐年变化　　　　　　　　单位：×10⁴ kW

月份年份	1	2	3	4	5	6	7	8	9	10	11	12
1975	60.6	79.2	122.5	175.7	523.3	394.6	225.1	55.7	173.2	147.2	84.1	65.6
1976	50.7	55.7	56.9	153.4	285.7	361.2	496.0	311.7	205.3	165.8	146.0	69.3
1977	61.9	54.4	47.0	103.9	154.6	471.3	393.4	358.7	168.2	154.6	111.3	56.9
1978	71.7	49.5	71.7	143.5	435.4	470.1	243.7	236.3	214.0	158.3	112.6	68.0
1979	50.7	59.4	65.6	153.4	311.7	326.6	442.8	437.9	439.1	116.3	64.3	44.5
1980	42.1	38.3	74.2	193.0	491.1	186.8	316.7	357.5	228.8	100.2	70.5	44.5
1981	48.2	45.8	87.8	243.7	345.1	340.2	414.4	284.5	173.2	174.4	124.9	73.0
1982	56.9	60.6	92.8	149.7	369.9	382.2	195.4	337.7	200.4	158.3	142.3	138.5
1983	158.3	159.6	402.0	204.1	326.6	492.3	214.0	242.5	283.3	176.9	102.7	64.3
1984	56.9	48.2	58.1	197.9	308.0	341.4	254.8	226.4	190.5	158.3	69.3	55.7

表2.61　2009年珠江三水、马口站实测数据计算结果　　　单位：×10⁴ kW

	春季	夏季	秋季	冬季	年平均
盐差能功率	1 298	4 131	1 176	851	1 864

（2）韩江口。韩江流域地处南亚热带，雨量充沛，径流丰富，年际变化较大。根据潮安站1951—1983年的资料，多年平均最大功率达355.0×10⁴ kW，而最小只有82.9×10⁴ kW。流量的月变化及洪、枯季节变化也很大，每年4—9月为洪季，盐差能功率占全年的80.7%；10月至次年3月为枯季，盐差能功率仅占全年的19.3%（表2.62、表2.63）。

表2.62　韩江潮安站各月平均盐差能功率　　　　　单位：×10⁴ kW

月份	1	2	3	4	5	6	7	8	9	10	11	12
月平均	60	90	40	210	300	450	240	230	220	120	90	60
月平均最大	130	280	430	670	970	1 390	720	660	650	330	180	130
月平均最小	50	40	50	70	100	150	110	110	100	70	60	50

表2.63　调查期间韩江平均流量统计

项目	春季	夏季	秋季	冬季	年平均
河口外海水温度/℃	19.7	23.5	27.9	17.0	22.0
河口外海水盐度	31.70	34.00	32.32	32.00	32.51
流量/（m³/s）	406.3	657.0	203.3	243.0	377.2
盐差能功率密度/（×10⁴ kW）	101	177	52.7	60.2	96.5

2.8.3.8　广西壮族自治区

广西壮族自治区的主要入海河流有南流江、钦江、防城河等，据常乐水文站

1954—1985 年实测资料统计，南流江年平均盐差能功率 39.3×10⁴ kW，年平均最大功率 58.1×10⁴ kW，年平均最小年功率 12.6×10⁴ kW；盐差能功率的季节变化明显，夏季功率最大，达 77.3×10⁴ kW；春、秋季次之，为 34.1×10⁴ kW；冬季最小，仅 12.3×10⁴ kW。

2.8.3.9 海南省

海南省的主要入海河流有南渡江和万泉河，根据历史资料，南渡江年平均盐差能功率为 44.1×10⁴ kW；万泉河年平均盐差能功率为 32.9×10⁴ kW。

3 我国海洋矿产与可再生能源开发利用现状及需求分析

3.1 海洋油气资源开发利用现状及需求分析

3.1.1 海洋油气资源战略地位

3.1.1.1 海洋油气资源产量稳步增加

能源是人类社会存在和发展不可或缺的必需品，是经济发展和社会进步的重要物质基础。我国经济快速发展需要巨大的能源供给，能源短缺已是不争事实，并已成为制约经济和社会可持续发展的瓶颈。海洋油气资源的开发利用可缓解部分能源短缺问题。近15年来，我国海洋油气产量增长迅速。1995年海洋原油产量 927.5×10^4 t，海洋天然气产量 3.8×10^8 m³，分别仅占全国比重的6.18%、2.1%，到2007年海洋原油产量达到 18 632 × 10^4 t，海洋天然气产量超 82×10^8 m³，平均增长速度分别为10.81%、29.21%，上升到全国比重17.06%和11.9%。海洋油气资源成为我国油气资源的主要来源之一，为我国经济与社会可持续发展作出重要贡献表3.1。

表3.1 我国历年海洋油气资源产量

年份	原油产量 / (×10⁴ t)	海洋 原油产量 / (×10⁴ t)	占全国 比重 /%	天然气 产量 / (×10⁸ m³)	海洋天 然气产量 / (×10⁸ m)	占全国 比重 /%
1995	15 005	927.50	6.18	179.5	3.8	2.1
1996	15 733	1 687.40	10.73	201.1	26.9	12.9
1997	16 074	1 968.00	12.24	227.0	44.1	19.4
1998	16 100	1 893.10	11.76	232.8	41.9	18.0
1999	16 000	1 891.90	11.82	252.0	47.8	19.0
2000	16 300	2 080.40	12.76	272.0	46.0	16.9
2001	16 396	2 142.95	13.07	303.3	45.7	15.1
2002	16 700	2 405.55	14.40	326.6	46.5	14.2
2003	16 960	2 545.43	15.01	350.2	43.7	12.5
2004	17 587	2 842.21	16.16	414.9	61.3	14.8
2005	18 135	3 174.66	17.51	509.4	62.7	12.3
2006	18 477	3 239.91	17.54	585.5	74.9	12.8
2007	18 632	3 178.37	17.06	692.4	82.3	11.9
2008	18 900	3 421.1	18.10	774.86	85.8	11.1
2009	18 945	3 698.0	19.52	816.69	85.9	10.5

注：数据来源于中国统计年鉴和海洋统计年鉴整理（1996~2010年）。

3.1.1.2 海洋油气资源产值增长率持续提交

海洋油气资源开发也是一项关联性强、带动力大的产业。2008 年全国海洋油气产业增加值为 1 020.5 亿元，相比 2001 年增加 843.7 亿元，年均增长 25.65%。2008 年全国海洋产业增加值 17 591.2 亿元，年均增长速度 17.14%，海洋油气产业增加值占比重由 2001 年的 3.08% 上升到 5.80%（图 3.1，表 3.2）。丰富的海洋油气资源的开发利用，通过产业链的上、下游和侧向联系，有力支持海洋产业、沿海经济乃至全国经济的发展。

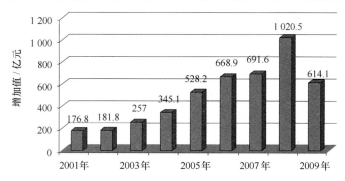

图 3.1 2001—2009 年我国海洋油气产业增加值

表 3.2 2001—2009 年全国海洋油气产业增加值 单位：亿元

年度	海洋油气产业增加值	海洋产业增加值	比重（%）
2001	176.8	5 733.6	3.08
2002	181.8	6 787.3	2.68
2003	257	7 137.7	3.60
2004	345.1	8 710.1	3.96
2005	528.2	10 539	5.01
2006	668.9	12 622	5.30
2007	691.6	14 902	4.64
2008	1 020.5	17 591.2	5.80
2009	614.1	18 822.0	3.26

注：数据来源于《中国海洋统计年年鉴》2010 年。

3.1.1.3 海洋油气资源支撑地位

海洋油气资源对我国经济社会可持续发展具有很大的推动作用，主要表现在以下方面：一是直接支撑了全国石油化工产业的发展。在油气资源十分紧缺的今天，海洋油气资源开发对石油化工产业发展的支撑作用十分明显；二是通过投资拉动带动相关产业和沿海经济发展。海洋油气开发对钢铁、造船等产业需求加大，对拉动钢铁业、修造船业、沿海地区基础设施建设，以及为油气开发服务的相关产业的发展具有重大作用；三是缓解全国能源不足的矛盾，改善能源结构，提高石油天然气在能源消费构成中的比重，减少煤炭在燃烧过程中产生的大量二氧化硫（较石油多30%，较天然气多60%），降低对环境的污染。表3.3为2002—2009年沿海地区海洋生产总值。

表3.3　2002—2009年沿海地区海洋生产总值　　　　　单位：亿元

地区	2002 年	2003 年	2004 年	2005 年	2006 年	2007 年	2008 年	2009 年
辽宁	459.33	543.41	932.23	1 039.91	1 478.9	1 759.8	2 074.4	2 281.2
天津	416.08	568.07	1 051.47	1 447.49	1 369.0	1 601.0	1 888.7	2 158.1
河北	127.32	182.52	279.24	324.58	1 092.1	1 232.9	1 396.6	922.9
山东	994.61	1 477.64	1 938.46	2 418.11	3 679.3	4 477.8	5 346.3	5 820.0
上海	721.96	845.91	1 956.58	2 296.45	3 988.2	4 321.4	4 792.5	4 204.5
广东	1 693.71	1 936.09	2 975.50	4 288.39	4 113.9	4 532.7	5 825.5	6 661.0
全国	9 050.29	10 523.40	13 704.76	1 6755.13	21 220.3	25 073.0	29 662.3	32 277.6

3.1.2　海洋油气资源开发利用现状

3.1.2.1　油气田分布及生产能力

2006年我国近海海域主要油气田92个，其中在生产油气田45个，分布在渤海27个、南海东部12个、南海西部5个以及东海1个。在开发油气田47个，分布在渤海21个、南海西部17个、南海东部9个。原油按平均密度1桶约合0.136 t、1 m³约合0.855 t；天然气1立方英尺约合0.028 3 m³计算，全国近海海域油气田净产量为411 070桶油当量/天，其中原油348 746桶/天，天然气361百万立方英尺/天，生产能力主要集中渤海和南海，分别占51.50%和47.28%。原油生产能力主要集中渤海和南海，分别占57.62%和41.96%，其中渤海东部占30.37%。天然气生产能力主要集中在南海西部，占69.81%（表3.4）。

表3.4　我国各海区主要在产海洋油气田生产能力

海　区		渤海	南海东部	南海西部	东海	黄海	合计
净产量	油气合计（桶油当量/天）	211 697	109 744	84 625	5 004	–	411 070
	原油（桶/天）	200 944	105 902	40 437	1 422	41	348 746
	气（×10⁶英尺³/天）	65	23	252	17	4	361

注：资源来源于《中国海洋年鉴》2007年。

全国海洋油田生产井3 614口，主要分布于天津近海域，居一半还多；其次是广东和山东近海域，分别为12.37%、11.32%。采油井2 788口，采气井177口，分别占77.14%、4.50%（见表3.5～表3.7、图3.2、表3.8～表3.9）。

表 3.5　2009 年沿海地区海洋油田生产井情况　　　　　　　　　单位：口

地区	合计	采油井	采气井	注水井	其他井
辽宁	264	203	13	35	13
天津	2 413	1 795	101	472	45
河北	546	428	—	118	—
山东	476	352	8	116	—
上海	30	12	18	—	—
广东	486	403	64	19	—
合计	4 215	3 193	204	760	58

注：数据来源于《中国海洋统计年鉴》2010 年。

表 3.6　渤海在生产和开发的主要海洋油气田生产能力

类别	区块	主要油气田	净产量[①]	中海油占有净储量[②]
在生产	辽西	锦州 20 - 2，锦州 9 - 3，绥中 36 - 1，旅大 4 - 2，旅大 5 - 2，旅大 10 - 1	合：112 060 油：105 787　气：38	合：314.9 油：280.5 气：206.7
	09/18	埕北	油：4 074	油：8.2
	渤西	岐口 18 - 1、岐口 18 - 2、岐口 17 - 2、岐口 17 - 3	合：7 890 油：7 110　气：5	合：8.7 油：7.9　气：4.8
	05/36	南堡 35 - 2、秦皇岛 32 - 6	油：25 136	油：92.7
	11/05	蓬莱 19 - 3	油：7 675	油：131
	渤南	渤中 34 - 2、渤中 34 - 4、渤中 28 - 1、渤中 26 - 2、渤中 25 - 1、渤中 25 - 1 南、渤中 34 - 5	合：33 828 油：30 128　气：22	合：174.5 油：152.6 气：131.4
	04/36	曹妃甸 11 - 1、曹妃甸 11 - 2、曹妃甸 11 - 3、曹妃甸 11 - 5	油：20 023	油：22.8
	05/36	曹妃甸 11 - 6、曹妃甸 12 - 1 南	油：1 021	油：12.9
在开发	辽西	锦州 21 - 1、锦州 25 - 1 南		合：90.6 油：38.9 气：310.3
	渤中	秦皇岛 33 - 1、渤中 3 - 1、渤中 3 - 2		油：9.8
	渤西	曹妃甸 18 - 1、曹妃甸 18 - 2、岐口 18 - 9、渤中 13 - 1		合：19.4 油：8.7 气：64.0
	11/05	蓬莱 25 - 6		油：10.5
	渤南	渤中 34 - 1、渤中 34 - 1 南、渤中 34 - 3		油：26.0
	辽东	旅大 27 - 2、旅大 32 - 2、金县 1 - 1 东		油：59.7
	11/19	渤中 19 - 4、渤中 26 - 2 北、渤中 29 - 4、渤中 28 - 2 南、渤中 34 - 1 北		合：79.2 油：71.2 气：47.8

类别	区块	主要油气田	净产量	中海油占有净储量
合计		在生产 27 个，在开发 21 个	合：211 697 油：200 944　气：65	合：1 060.9 油：933.2 气：765.0

注：资源来源于《中国海洋年鉴》2007 年；①合——桶油当量/天，油——桶/天，气——百万立方英尺/天；②合——百万桶油当量，油——百万桶，气——10 亿立方英尺。

表 3.7　南海东部在生产和开发的主要海洋油气田生产能力

类别	区块	主要油气田	净产量①	中海油占有净储量②
在生产	惠州 14	惠州油田群	合：20 387 油：16 545 气：23	合：21.8 油：15.6　气：37.3
	16/19	惠州 19 - 3、惠州 19 - 2、惠州 19 - 1	油：4 581	油：4.6
	11/15	西江 24 - 3	油：14 626	油：15.1
	西江 24	西江 30 - 2	油：11 991	油：10.3
	惠州 31	流花 11 - 1	油：6 939	油：30.4
	06/16	陆丰 13 - 1、陆丰 13 - 2	油：24 508	油：22.5
	陆丰 08	陆丰 22 - 1	油：1 625	油：0.5
	15/34	番禺 4 - 2、番禺 5 - 1	油：25 087	油：33
在开发	流芳 07	番禺 30 - 1、流花 19 - 5		合：98.7 油：3.0 气：573.9
	番禺 33	番禺 34 - 1		合：30.7 油：0.6 气180.8
	西江 04	西江 23 - 1		油：44.4
	15/34	番禺 11 - 6		油：2.6
	惠州 16	惠州 25 - 1、惠州 25 - 3、惠州 25 - 4		油：13.4
	惠州 31	流花 4 - 1		油：4.2
合计		在生产 12 个，在开发 9 个	合：109 744 油：105 902　气：23	合：332.3 油：200.2 气：792.0

注：资源来源于《中国海洋年鉴》2007 年，①合——桶油当量/天，油——桶/天，气——百万立方英尺/天；②合——百万桶油当量，油——百万桶，气——10 亿立方英尺。

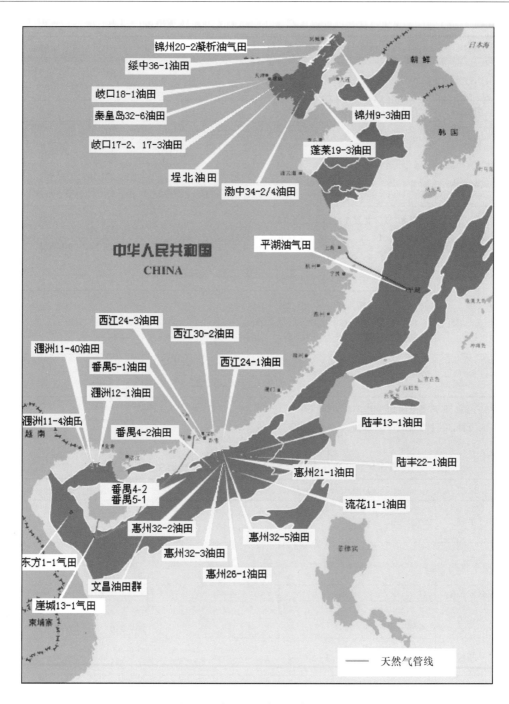

图 3.2　我国近海主要油气田分布

表 3.8 南海西部在生产和开发的主要海洋油气田生产能力

类别	区块	主要油气田	净产量①	中海油占有净储量②
在生产	玉林 35	涠洲油田群	合：22 815 油：21 709 气：7	合：44.5 油：42.8 气：10.1
	阳江 31	文昌 13 – 1、文昌 13 – 2	油：17 521	油：14.4
	乐东 01	崖城 13 – 1	合：24 034 油：984 气：120	合：69.4 油：3.5 气：395.7
	昌江 25	东方 1 – 1	合：20 256 油：223 气：120	合：227.0 油：2.8 气：1 345.3
在开发	阳江 31/32	文昌 8 – 3、文昌 14 – 3、文昌 15 – 1、文昌 19 – 1、文昌 9 – 2、文昌 9 – 3、文昌 10 – 3		合：123.4 油：83.7 气：608.2
	乐东 01	崖城 13 – 4、乐东 22 – 1、乐东 15 – 1		油：42.1
	玉林 35	涠洲 11 – 1、涠洲 11 – 1 北、涠洲 11 – 4 北、涠洲 6 – 10、涠洲 12 – 8、涠洲 6 – 8、涠洲 6 – 9		油：44.4
合计		在生产 5 个，在开发 17 个	合：84 625 油：40 437 气：252	合：631.9 油：190.5 气：2 648.1

注：资源来源于《中国海洋年鉴》2007 年；①合——桶油当量/天，油——桶/天，气——百万立方英尺/天；②合——百万桶油当量，油——百万桶，气——10 亿立方英尺。

表 3.9 东海在生产和开发的主要海洋油气田生产能力

类别	区块	主要油气田	净产量①	中海油占有净储量②
在生产	平湖	平湖气田	合：4 324 油：1 422 气：17	合：6.8 油：2.4 气：26.1
	天外天		合：681 油：42 气：4	合：6.3 油：0.5 气：34.8
在开发	西湖凹陷			
	残雪			合：9.3 油：5.0 气：25.4
	断桥			合：7.6 油：2.2 气：32.6
	春晓			合：31.9 油：3.8 气：168.6
	宝云亭			合：18.8 油：4.5 气：85.9
	武云亭			合：4.7 油：1.9 气：16.6

续表

类别	区块	主要油气田	净产量①	中海油占有净储量②
合计		在生产 1 个	合：5 004 油：1 422　气：17	合：85.4 油：20.4　气：390.0

注：资源来源于《中国海洋年鉴》2007 年；①合——桶油当量/天，油——桶/天，气——百万立方英尺/天；②合——百万桶油当量，油——百万桶，气——10 亿立方英尺。

3.1.2.2　矿业权分布

截至 2008 年年底海域范围内共有油气有效矿权 410 个，面积 1 821 258 km² （扣除跨入外省区之后）。其中探矿权 250 个，面积 1 813 500 km²；采矿权 160 个，面积 7 757 km²。其中渤海海域矿权 78 个，矿权面积 65 795 km²；东海海域矿权 51 个，矿权面积 193 845 × 10⁴ km²；黄海海域矿权 123 个，矿权面积 105 315 km²；南海北部海域矿权 133 个，矿权面积 534 722 km²；南海南部 25 个，矿权面积 921 581 km²。探矿权主要分布在黄海和东海，分别为 123 个和 48 个，占探矿权总数的 68.4%；采矿权主要集中在渤海和南海北部海域，分别为 53 个和 104 个，占全部探矿权的 98.13%。黄海和南海南部海域尚无采矿权设置（图 3.3）。

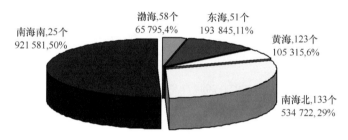

图 3.3　我国海域油气矿权构成

3.1.2.3　开发企业

海洋油气资源勘探开发企业较少，主要集中在中海油、中石油、中石化三大集团公司，其中中海油拥有 295 个矿权，占 71.95%，中石油 64 个，中石化 35 个，中海油中石化合作 15 个，上海天然气公司 1 个。渤海海域开发企业有中海油天津分公司、中石油大港油田分公司、辽河油田分公司和中石化胜利油田分公司；东海海域开发企业有中海油上海分公司，中石化上海海洋油气分公司和上海石油天然气公司；黄海海域开发企业有中海油上海分公司，中石油大港油田分公司，中石化江苏油田分公司和中石化胜利油田分公司；南海北部海域开发企业有中海油深圳公司、湛江分公司、中石油辽河油田分公司、南方分公司和中石化上海海洋分公司。

3.1.2.4　产量分析

截至 2008 年年底渤海海域石油累计探明地质储量 19.37 × 10⁸ t （占全国 6.70%）、累计技术可采储量 3.89 × 10⁸ t （占全国 4.92%），居全国第 6 位；石油当年采出量

1 486. 86 × 10^4 t（占全国 8. 22%），累计采出量 1. 12 × 10^8 t（占全国 2. 23%）。天然气累计探明储量 1 444. 85 × 10^8 m^3（占全国 1. 84%）、累计探明技术可采储量 563. 13 × 10^8 m^3（占全国 1. 30%），居全国第 12 位；天然气当年采出量 8. 48 × 10^8 m^3（占全国 1. 09%），累计采出量 136. 43 × 10^8 m^3（占全国 1. 46%）。

（1）海区油气产量。2006 年全国海洋油气产量分别为 3 239. 91 × 10^4 t、74. 86 × 10^8 m^3，其中原油产量集中在渤海、南海两海区，分别为 1 866. 8 × 10^8 t 和 1 359. 51 × 10^8 t，产量比重分别占 57. 62% 和 41. 96%。天然气产量集中在南海海区，为 57. 03 × 10^8 m^3，占 76. 18%；渤海次之，为 13. 48 × 10^8 m^3，占 18. 01%；东海、黄海两地受探明储量少以及开发前景等因素影响，开发利用量较少（表 3. 10）。

表 3. 10　2006 年各海区海洋油气产量

海　区	渤海	南海	东海	黄海	合计
原油（×10^4 t）	1 866. 8	1 359. 51	13. 21	0. 38	3 239. 91
天然气（×10^8 m^3）	13. 48	57. 03	3. 52	0. 83	74. 86

（2）地区油气产量。开展海洋原油开发的沿海地区有辽宁、天津、河北、山东、上海、广东等六省市。2009 年全国海洋原油产量 3 698. 19 × 10^4 t，其中 2008 年产量达 3 421. 13 × 10^4 t，产量主要集中在天津、广东两地，2009 年分别占 50. 67%、36. 75%。2001—2007 年产量呈逐步递增趋势，年均增长率为 6. 79%，天津地区产量年均增长率为 15. 64%（表 3. 11）。

表 3. 11　2001—2009 年沿海地区海洋原油产量　　　　　　　单位：×10^4 t

地区	2001 年	2002 年	2003 年	2004 年	2005 年	2006 年	2007 年	2008 年	2009 年
辽宁	25. 0	21. 8	20. 0	20. 0	19. 0	19. 0	23. 2	22. 8	15. 00
天津	620. 6	873. 5	1 000	1 094. 9	1 311. 3	1 479. 2	1 484. 5	1 557. 2	1 874. 01
河北	—	—	—	—	126. 0	155. 8	164. 3	189. 6	200. 30
山东	213. 6	212. 2	201. 1	213. 5	212. 0	216. 0	226. 1	232. 2	240. 01
上海	58. 9	48. 3	38. 0	31. 9	25. 6	21. 7	21. 6	15. 3	9. 68
广东	1 224. 8	1 249. 6	1 286. 6	1 481. 9	1 480. 8	1 348. 2	1 258. 7	1 404. 1	1 359. 19
合计	2 143. 0	2 405. 6	2 545. 4	2 842. 2	3 174. 7	3 239. 9	3 178. 4	3 421. 1	3 698. 19

注：数据来源于《中国海洋统计年鉴》2002～2010 年。

开展海洋天然气开发的沿海地区有辽宁、天津、河北、山东、上海、广东等六省市。2009 年全国海洋天然气产量 859 173 × 10^4 m^3，产量主要集中在广东地区，产量为 59. 96 × 10^8 m^3，占 69. 79%。2001—2007 年产量呈逐年递增趋势，年均增长率 10. 30%，年均增长较快地区有天津和上海，分别为 16. 93% 和 13. 27%（见表 3. 12）。

表 3.12   2001—2009 年沿海地区海洋天然气产量   单位：×10⁴ m³

地区	2001 年	2002 年	2003 年	2004 年	2005 年	2006 年	2007 年	2008 年	2009 年
辽宁	8 524	8 940	9 550	9 911	8 200	8 561	8 231	5 937	4 575
天津	62 874	67 765	87 327	87 188	81 869	104 958	160 686	140 111	143 002
河北	—	—	—	—	—	—	3 678	18 887	37 043
山东	15 600	16 945	15 084	18 833	16 353	13 850	15 563	16 798	16 157
上海	35 706	45 376	51 428	62 076	66 336	72 608	75 395	63 716	58 767
广东	334 508	325 663	273 541	435 408	454 163	548 641	559 902	612 398	599 629
合计	457 212	464 689	43 930	613 416	626 921	748 618	823 455	857 847	859 173

注：数据来源于《中国海洋统计年鉴》2002～2010 年。

（3）企业产量。2007 年，中海油在中国海域的在产油气田为 58 个，生产原油 $1\,846 \times 10^4$ t，天然气 57.73×10^8 m³；中国石油共生产海洋原油 150×10^4 t，生产天然气 $8\,358 \times 10^4$ m³。中国石化海洋油气生产：东海平湖油气田，共有生产油井 11 口，产油 16.11×10^4 t。平湖油气田共有生产气井 12 口，生产天然气 5.43×10^8 m³。东海天外天气田，共有生产气井 5 口，共生产天然气 1.96×10^8 m³，凝析油 6 455 t。胜利油田分公司海洋油气生产，胜利海上油田完成原油产量 226×10^4 t，完成天然气产气量 1.27×10^8 m³。

表 3.13   2007 年主要海洋油气资源开发企业生产情况

主要企业	中海油	中石油	中石化	其他	合计
原油（×10⁴ t）	1 846	150	242	940	3 178
天然气（×10⁸ m³）	57.73	0.84	3.23	50.55	82.35

3.1.3   海洋油气资源供需预测

3.1.3.1   海洋油气资源储量产量趋势预测

我国渤海海域与南海南部海域油气资源丰富，国土资源部油气资源战略研究中心根据油气储量和产量的历史数据以及资源评价结果，利用多旋回哈波特模型分别预测 2009—2030 年渤海石油储量及产量以及南海北部石油、天然气的储量和产量的增长趋势。预计 2009—2030 年渤海年均探明石油地质储量 1.1×10^8 t，累计探明 24×10^8 t，累计产量 3.3×10^8 t，年均产量 $1\,500 \times 10^4$ t，2030 年产量有望超过 $2\,500 \times 10^4$ t；南海北部海域年均探明石油地质储量 $4\,000 \times 10^4$ t 左右，累计探明 9×10^8 t，累计产量 2.9×10^8 t，年均产量 $1\,300 \times 10^4$ t 左右。预计 2009—2030 年年均探明储量在 430×10^8 m³ 以上，累计探明地质储量 $9\,500 \times 10^8$ m³，年均产量超过 100×10^8 m³，累计产量近 $2\,350 \times 10^8$ m³，2030 年产量有望达到 130×10^8 m³。

3.1.3.2 海洋油气资源需求趋势预测

《全国矿产资源规划（2008—2015 年）》中提出要"加大我国海域油气资源勘查开发力度，增储增产，稳定并提高油气产量。"

"2010 亚洲深海油气峰会"中海油有关领导表示：未来 10 年中海油将斥资人民币 1 000 亿元，用于中国领海的油气开发，而整个中国深海油气开发的总投资将达 450 亿~1 000 亿美元。

3.2 海砂资源开发利用现状及需求分析

3.2.1 海砂资源开发利用现状及需求

由于海砂资源具有重要的工业价值和经济价值，而且比较容易开采，近 10 年来，世界海洋砂矿资源开发业发展很快，其产值目前仅次于海底石油的产值，已成为第二大海洋矿产开采业。我国开发利用海砂资源的历史久远，但众多的企业和个人下海开采海砂是近十几年才发展起来的。20 世纪 70—80 年代，开采者主要开采富集了具有重要经济价值和工业价值矿物资源的海砂，用于提炼金属、非金属矿物质作工业原料。当时开采规模并不大，70 年代全国约十数万吨，80 年代约 20 余万吨。进入 90 年代，建筑行业的需求不断扩大，而海砂粒径适中、含泥量少、易于处理，是价廉质优的筑路和混凝土建筑材料，因此海砂的开采生产规模迅速扩大。尤其是近几年，国际国内市场对海砂的需求成倍增加。在国际市场上，缺少矿石资源的日本动工兴建了几个大型工程，例如大阪关西机场、神户机场和东京世界公园的填海工程需要大量的填海砂石，其中大部分要从周边国家进口，海砂出口已成为一个重要的创汇渠道；在国内市场上，由于国家加大基本建设规模和投资力度，带动了建筑砂石市场的空前繁荣。随着我国围填海规模的增加，也需要大量的砂石。由于国际国内市场的强劲拉动，我国许多企业和个人纷纷下海采砂。据不完全统计，2000 年前后，我国从事海砂开采的从业人员数万人，海砂开采量每年约亿吨，海砂产值约 22 亿元人民币。从 2002 年开始，国家从严控制海域勘查、开采建筑用砂活动。截至 2006 年 4 月，国土资源部颁发的采砂许可证仍在使用的有 23 个[10][11]（表 3.14）。

表 3.14   沿海地区海洋矿业产量   单位：t

地区	2007 年	2008 年	2009 年
浙江	24 137 754	40 015 300	47 554 400
福建	2 030 700	2 063 800	2 082 500
山东	385 665	3 308 591	3 423 889
广东	153 000		
广西	1 266 456	887 998	564 820
海南	1 608 000	1 810 000	2 281 000
合计	29 581 575	48 085 689	55 906 609

注：资料来自《中国海洋统计年鉴》2010 年。

3.2.2　当前海砂开采存在的问题

《全国海洋功能区划》、国土资源部《关于加强海砂开采管理的通知》以及国家海洋局《海砂开采使用海域论证管理暂行办法》和《海砂开采动态监测简明规范（试行）》等一系列政策法规的出台对海砂的开采做出了相应规定，逐步构建了海砂开采管理的政策体系。但由于受利益驱使，违法采砂的事件在沿海各省、市、区时有发生，层出不穷。由于我国海砂开采者大多是小型和个体企业，设备简陋，技术落后，加上多在近岸海域作业，以及对周围海域的生态、环境及其他海洋开发活动影响的论证科学性有待提高，带来了一系列的生态、环境和管理上的问题。为此，多年来海洋主管部门逐步加强了对海砂开采的执法检查活动，中国海监各级队伍每年都为打击违法采砂活动组织专项检查行动，据《南方日报》2010年5月8日讯，由中国海监南海总队和广东省海监总队联合举行的"靖海2010 - 2"海砂开采专项执法检查在珠江口展开，海监飞机和15艘海监船艇联合出动，当场发现一艘涉嫌无证非法采砂船。同日，在广州南沙蕉门水道，也有两艘无证采砂船被海监人员逮个正着。以2001年为例，当年共组织行动138次，发现无证开采公司26家，采砂船368艘次；越界采砂船68艘次，越界开采公司16家。

图3.4　正在采砂作业的采砂船

总体而言，我国有比较完善的海砂管理制度，在海洋环境保护和资源合理利用等方面作了较好的规定。但实际上，由于执法能力和处罚力度不够，很多采砂业主往往在巨大利益驱使下，不经过论证，甚至在限制开采的海域违法采砂，对近岸海洋环境造成了很大的破坏。此外，我国至今尚未制定海砂开采规划，对可采海砂资源量与分布、满足国家建设的能力、每年允许的可采量等没有一个权威数据，不利于海砂资源的持续利用，直接影响了海砂的管理与政策制定。

因此，针对当前海砂开采管理存在的问题，在本轮的海洋矿产与能源功能区划编制当中，应提出更具操作性的管理措施，进一步加强海砂资源的科学开发和合理利用。

3.3 海上风能资源开发利用现状及需求分析

3.3.1 海上风能资源开发利用现状

近年来，全球能源、资源和环境问题突出，特别是全球气候变化日趋明显，风电越来越受到世界各国的高度重视，并在各国的共同努力下得到了快速发展。目前，全球风电装机容量已超过了 1×10^8 kW，风电已成为世界能源的重要组成部分。

为了促进可再生能源的发展，2005 年我国颁布了《中华人民共和国可再生能源法》，明确了支持可再生能源发展的政策措施，有力地促进了我国可再生能源的发展，特别是风电发展取得明显进展。到 2008 年年底，全国风电装机超过了 $1\,000 \times 10^4$ kW，风电设备制造能力明显提高。为进一步加快风电建设步伐，根据我国风能资源和电力市场特点，我们提出了"建设大基地，融入大电网"的发展思路，正在规划建设若干个千万千瓦级风电基地，打造"风电三峡"。

到目前为止，我国风电建设项目主要位于陆地上，海上风电开发还处于准备和探索阶段。一般而言，海上的风速较大，特别是不占用土地资源，环境影响小，具备广阔的开发利用前景。目前，欧洲已投入很大力量发展海上风电，将其作为未来风电发展的重要领域。我国海岸线长，海域面积辽阔，具备开发建设海上风电的良好条件。东部沿海地区经济发达，而化石能源资源短缺，海上风能是当地重要的资源优势，开发利用海上风能资源对于增加这些地区的电力供应、促进经济社会发展意义重大。与陆地风电建设相比，海上风电技术难度更大，面临许多新的挑战，为做好海上风电开发工作，一是要高度重视海上风电规划工作，统筹协调风电开发与港口、航运、养殖等用途的关系，科学规划，合理布局，有序建设；二是要加强海上风电技术研发，进一步提高风电机组可靠性，制订海上风电工程施工方案，形成一套海上风电工程技术体系；三是要探索海上风电发展机制，积累海上风电开发管理经验，研究制订海上风电开发建设管理办法和有关政策措施。通过近年来的努力，我国风电发展取得了很大成绩，展现了良好的发展前景。海上风电是我国风电发展的一个重大潜在领域，随着这一新领域的开辟，我国风电将会获得更强大的发展活力，为促进我国能源科学发展、保护生态环境和经济社会可持续发展做出重要贡献。

3.3.1.1 国外海上风电发展现状及趋势

（1）全球风电发展概述。2009 年，尽管国际金融危机还在持续，全球风电行业仍继续迅速增长，年度市场增长率达到了41%。世界风电市场格局没有发生变化，欧盟、美国和亚洲仍占据了全球风电发展的主流，主要的变化是中国取代了美国，成为当年新增风电装机容量世界第一的国家。根据全球风能理事会（Global Wind Energy Council，缩写GWEC）所编辑的统计报告，全球风电装机容量达到 1.58×10^8 kW，累计增长率达到31.9%。世界风电行业不但已经成为世界能源市场的重要成员，并且在刺激经济增长和创造就业机会中正发挥着越来越为重要的作用。根据GWEC的报告，世界风电装机容量的总产出价值已经达到了450亿欧元，全行业所雇用的人数在2009年达到大约50万人。

到2009年年底，全球已有超过100个国家涉足风电开发，其中有17个国家累计装机容量超过百万千瓦。累计装机容量排名前10位的国家依次是美国、中国、德国、西班牙、意大利、法国、英国、葡萄牙和丹麦。

2009年，主要受中国和印度的推动，亚洲风电市场已经超越欧美成为重要的新兴市场。中国的新装机容量达到 $1\,380 \times 10^4$ kW，累计装机容量达到了 $2\,580 \times 10^4$ kW。

到2009年年底，世界上有100多个国家开始发展风电，累计装机超过 100×10^4 kW的国家有17个，排位前10名国家的累计装机都超过了 300×10^4 kW，前5名都超过了 $1\,000 \times 10^4$ kW，前3名的国家都超过了 $2\,000 \times 10^4$ kW（如图3.5和图3.6）。2009年风电累计装机位于前10名的国家分别是：美国、中国、德国、西班牙、印度、意大利、法国、英国、葡萄牙、丹麦。新增装机位于前10名的国家分别是：中国、美国、西班牙、德国、印度、意大利、法国、英国、加拿大、葡萄牙。

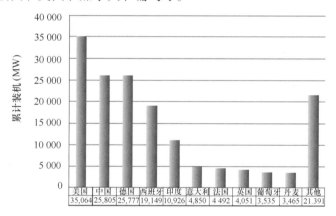

图3.5　全球风电累计装机前10位的国家
资料来源：GWEC，《2009年全球风电发展报告》

2009年全球新增装机前10名国家中，除中国、美国、印度以外，其他7个国家均位于欧洲。在累计装机排名中，中国以微弱优势超过德国排到了第2位，但与排名第1位的美国仍有将近 $1\,000 \times 10^4$ kW的差距。德国排名第3位，西班牙排名第4位。

（2）全球海上风电发展现状。1991年，自丹麦建立世界上第一座海上风电站以来，世界海上风电的发展一直踟蹰不前，主要原因是技术复杂，安装、运行、维护的成本高，一直不被开发商看好。但是，欧洲和美国对于海上风电技术的研发一直没有停滞，海上风电的技术难关不断被攻破。同时随着欧洲，特别是丹麦、德国等国家的陆地风电资源基本

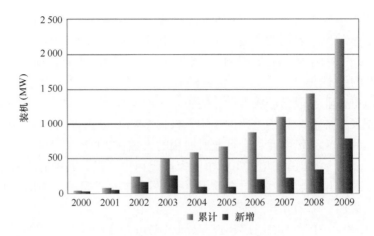

图 3.6　世界海上风电发展历史回顾
资料来源：根据 BTM 资料整理

开发完毕，减排和提高可再生能源比例的要求，使得海上风电的发展被提上议程。直到 2008 年，世界海上风电开始有了新的飞跃，2008 年和 2009 年连续两年海上风电新增容量超过了 50×10^4 kW，两年的安装量超过了过去累计装机容量的总和。

　　欧盟是海上风电技术领先的地区，占世界海上风电装机容量的 90%。2009 年欧盟海上风电投资 15 亿欧元，当年安装海上风电 199 台，新增容量 57.7×10^4 kW，比 2008 年的 37.3×10^4 kW，净增了 20×10^4 kW 多，同比增长 54%。到 2009 年底，欧盟累计建成了 38 个海上风电场，安装了 328 台海上风机，累计装机容量为 211×10^4 kW。

　　发展最快和最好的国家也均在欧洲，英国、丹麦，分别占世界海上风电份额的 44% 和 30%，2009 年新建成的海上风电集中在英国（28.3×10^4 kW）、丹麦（23×10^4 kW）、瑞典和德国（均为 3×10^4 kW）以及挪威（2 300 kW）。同时 2010 年 5 月，德国第一座深海风电场建成投产，装机容量 6×10^4 kW，距离海岸线 50 km，成为距离陆地最远的海上风电场。看到欧盟海上风电发展提速，其他国家和地区也在效仿，首先是我国 2009 年海上风电也实现了零的突破，上海东海大桥 10×10^4 kW 海上风电项目计划在 2010 年 4 月底全部建成，安装 34 台单机容量 3 MW 的海上风机。2010 年已全部安装并网，成为上海世博会一道亮丽的风景线。此外，美国的海上风电经过多年的酝酿，也于 2010 年 5 月获得了美国政府的批准。

　　（3）全球海上风电发展趋势。欧盟估计 2010 年海上风电的投资将比 2009 年倍增，达到 30 亿欧元，2010 年，欧盟将有 17 个，总装机容量 350×10^4 kW 的海上风电项目开工建设，预计 2010 年建成 100×10^4 kW，比 2009 年的新增装机增加 70%，同时也将大大超过陆上风电的发展速度。2009 年 11 月欧盟颁布了海上风电综合规划，规划了 1×10^8 kW 的海上风电项目，年发电量可达欧盟目前发电量的 10%。美国舆论已久的海上风电项目受到欧盟成功经验的鼓励，2010 年也将开始试水，预计 1～2 个海上风电项目也将开工建设，总装机容量超过 100×10^4 kW。

　　据中国资源综合利用协会可再生能源专业委员会和全球风能理事会预测（见表 3.15）。

表 3.15 全球风电发展规模预测

全球风电情景	累计装机容量（GW）	发电量（TW·h）	风电所占整个电力结构的比例（高能效能源需求预测）	年装机容量（GW）	年总投资（百万欧元）	就业（百万）
全球风电发展情景综述（2020 年）						
参考情景	417	1 022	5%	28	32	0.55
稳健情景	870	2 133	10%	100	120	1.58
超前情景	1 109	2 721	13%	137	159	2.15
全球风电发展情景综述（2030 年）						
参考情景	574	1 408	6%	44	50	0.79
稳健情景	1 794	4 399	17%	138	155	2.26
超前情景	2 432	5 641	23%	185	202	3.03
全球风电发展情景综述（2050 年）						
参考情景	881	2 315	7%	57	56	0.91
稳健情景	3 263	8 576	27%	176	185	3.03
超前情景	4 044	10 451	33%	185	187	3.39

①在风电发展参考情景下，风电市场到 2020 年会提供全球电力需求的 5%，到 2030 年全球电力需求的 6%。

②在风电发展稳健情景下，风电到 2020 年将提供全球电力的 10%，到 2030 年将提供全球电力的 17%，到 2050 年将提供全球电力的 27%。

③在风电发展超前情景下，风电到 2020 年将提供全球电力的 13%，到 2030 年将提供全球电力的 23%，到 2050 年将提供全球电力的 33%。

这一结果显示，在未来的 30 年间，风电将在未来的能源结构中起到日益重要的作用，将成为未来满足电力需求中一个重要电源。

3.3.1.2 海上风电技术

海洋风电的开发利用模式一般有 3 种。一是独立运行供电系统，即在电网未达到的地区，用小型风力发电机为蓄电池充电，再通过逆变器转换成交流电向终端电器供电。二是风力发电与其他发电方式（如太阳能发电）相结合，组成混合供电系统。三是大规模风电场作为常规电网的电源，与电网并联运行，向大电网提供电力。

（1）装备与技术。海上风机是在现有陆地风机基础上针对海上风资源环境进行适应性"海洋化"发展起来的。虽然开发商和风电设备制造商已经积累了 10 多年的海上风电开发经验，目前不仅海上风电机组的产品和型号不断增多，对海上风电设备特殊运行条件的认识也更加深入，但是严格说来海上风电目前所处的阶段还仅是将陆上风机装在海里。

出于降低海上风电开发成本的考虑，海上风机功率较大，已投入商业化运行的海上风电机组的单机容量多为 1.5 ~ 3.6 MW，风叶直径为 65 ~ 104 m。德国 Enercon 公司的 E - 122 型 6 MW 风机已研制成功，并在德国的 Guxhaven 和 Emden 的试验点进行测试。美国

GE 公司也正加紧 7 MW 风电机组的设计开发研究。德国 REpower 公司 5 MW 风机已成功地安装在苏格兰的 Beatrice 海上示范风电场，该风机风轮直径 126 m，安装在水深 40 ~ 44 m 的海域。

风机功率的大型化是海上风电技术的一大趋势（图 3.7），表 3.16 给出了国际上已经完工的海上风电场技术信息。

1960 年 24 m 直径　　　　　→　　　　　2007 年 126 m 直径

图 3.7　风机大型化趋势

表 3.16　近期建设的海上风机相关参数

位置	国家/建设时间	水深/m	离岸距离/km	风机功率/kW	轮毂高度/m	叶片直径/m
Vindeby	丹麦/1991	2 ~ 5	1.5 ~ 3	450	37.5	35
Bockstigen	瑞典/1997	6	4	550	40	37
Middelgrunden	丹麦/2000	5 ~ 10	2	2 000	60	76
Horns Rev	丹麦/2001	6 ~ 14	14 ~ 20	2 000	70	80
Kenith Flats	英国/2005	5	10	3 000	70	90
Egmond ann Zee	荷兰/2006	15 ~ 20	10 ~ 18	3 000	70	90
Beatrice	英国/2007	45	23	5 000	88	126

（2）海上施工。为了承受海上的强风载荷、海水腐蚀和波浪冲击等，海上风电机组的基础远比陆上的结构复杂、技术难度大、建设成本高，一般来讲基础结构约占海上风电开发成本的 1/3 左右。海上风电机组基础由塔架和海底地基组成，按结构类型划分，目前在实践中已经应用的有单桩结构、重力结构和多桩结构，还有处于研发阶段的悬浮式结构。各种结构的优缺点有互补性，基础选型要综合考虑各项因素的影响，主要是水深、土壤和海床条件、环境载荷、建设方法、安装和成本几个方面。

目前，世界上的海上风机多数采用重力混凝土和单桩钢结构基础设计方案。其中，应用最为广泛的单桩钢结构是通过钻孔将直径 3 ~ 5 m 的钢管植入海床下 15 ~ 30 m 深的位置。这种基础的优点是不要求修建海底地基，而且制造相对简单，但是安装相对困难且海水较深时柔性大。

重力式一般为钢或混凝土结构，依靠基础的重力抵抗倾覆力矩。海床的清理准备工作对该结构很重要，由于对海浪的冲刷较敏感，只适用于水深较浅、不适合钻孔的场址，运输安装也比较困难，对环境的影响较大。

多桩式基础结构曾用于试验机组，目前处于试运行阶段，还没有应用于商业化风电场。一般为三脚架结构，主要采用小直径管状钢结构，通过填塞或成型连接，适合较深的水域。缺点是船只难以接近，并增加了结冰的可能性。

沉箱结构是靠重力将钢箱结构插入海床，抽出箱内海水以产生压力，以用于海上平台安装的锚泊固定，目前处于可行性研究阶段。漂浮式结构的好处是可选择的概念较多，成本与海底固定的方式接近，在建设和安装步骤上有较大的弹性，且容易移动或拆卸，并且在挪威取得成功，但目前还处于试验阶段。

在海上风电设备安装上，被广泛应用的方案是起重式和锚泊系统，根据海水深度、起吊机的能力和驳船的载重量的不同，具体技术方案的选择有所不同。目前，共有4种技术方案可供选择，各方案的优缺点如表3.17。

表 3.17 海上风机安装方法优缺点比较

方 案	优 点	缺 点
自升式安装	最先出现的海上风电场吊装方法。可为安装工作提供一个稳定的基座，也是打桩工程的首选	缺乏内在稳定性和机动性，使搭架的安装较为困难
半沉式安装	半沉式起吊船是漂浮平台最稳定的一种	现有的驳船设计仅适用于较远的海上作业，而在浅滩地区较难发挥作用
截运船、平底驳船、地面起吊机安装	只要天气良好，地面起吊机便可显示出其旋转起吊机和费用低廉这两项优势	载运船和平底驳船在施工作业中的稳定性不够理想，较易受天气状况的影响

3.3.1.3 我国海上风电发展现状

（1）我国各省（市、自治区）风电装机情况。截止到2009年12月31日，我国有24个省市自治区（不含港澳台）有了自己的风电场（表3.18），风电累计装机超过 100×10^4 kW 的省份超过9个，其中超过 200×10^4 kW 的省份4个，领跑我国风电发展的地区是内蒙古自治区。内蒙古自治区2009年当年新增装机 554.5×10^4 kW、累计装机 919.6×10^4 kW，均实现150%的大幅度增长。累计和当年新增占全国的比例分别高达36%和40%。紧随其后的是河北、辽宁和吉林，分别是 278.8×10^4 kW、242.5×10^4 kW 和 206.4×10^4 kW。

表 3.18 各省（市、自治区）风电装机情况 单位：MW

省（市、自治区）	2008 年累计	2009 年新增	2009 年累计
内蒙古	3 650.99	5 545.17	9 196.16
河北	1 107.70	1 680.40	2 788.10

续表

省（市、自治区）	2008 年累计	2009 年新增	2009 年累计
辽宁	1 224.26	1 201.05	2 425.31
吉林	1 066.46	997.40	2 063.86
黑龙江	836.30	823.45	1 659.75
山东	562.25	656.85	1 219.10
甘肃	639.95	548.00	1 187.95
江苏	645.25	451.50	1 096.75
新疆①	576.81	443.25	1 002.56
宁夏	393.20	289.00	682.20
广东	366.89	202.45	569.34
福建	283.75	283.50	567.25
山西	127.50	193.00	320.50
浙江	190.63	43.54	234.17
海南	58.20	138.00	196.20
北京	64.50	88.00	152.50
上海	39.40	102.50	141.90
云南	78.75	42.00	120.75
江西	42.00	42.00	84.00
河南	48.75		48.75
湖北	13.60	12.75	26.35
重庆		13.60	13.60
湖南	1.65	3.30	4.95
广西		2.50	2.50
香港	0.80		0.80
小计	12 019.60	13 803.20	25 805.30
台湾②	358.15	77.90	436.05
总计	12 019.60	13 881.10	26 341.40

注：①新疆达坂城 35 台 Nedwind 机组退役，计 1.75×10^4 kW。

②台湾省装机仅参与此处统计，不参与之后制造商、开发商市场份额计算。

（2）海上风电。我国海上风电发展虽有所进展，但是与欧洲相比仍处于开发的初级阶段。尽管中国已经具备很多风电场开发经验，但是基本限于陆地上。海上风电对于中国而言是一个新生事物，在大规模开发之前，基础设计、施工、设备以及运行方面的关键技术是很大的挑战。

海上风力发电的方式分为两种，即在浅海的座底式和在深海的浮体式。目前，座底式海上风力发电已在欧洲部分地区推向商业化，而深海浮体式海上风力发电尚无先例。海上风电开发在全世界都是新生事物，这对国内企业来说，既是挑战，又是机遇。

　　虽然海上风电发展前景很好，但其开发难度要远大于陆上风电。从技术上讲，海上风力发电技术要落后陆上风力发电 10 年左右，成本也要高 2~3 倍。海上风电场的开发对大容量风机提出了更高要求。目前，已有国外企业开始设计和制造 8~10 兆瓦风电机组，并且朝海上专用风机方向发展，而国产风机最大单机容量仅为 3 兆瓦，且没有专门的海上风机。

　　中国第一个海上风力发电场——上海东海大桥海上风电场项目，位于临港新城至洋山深水港的东海大桥两侧 1 000 m 以外沿线，最北端距离南汇嘴岸线近 6 km，最南端距岸线 13 km，全部位于上海市境内。由中电国际、中国大唐、中广核、上海绿色能源组建的项目公司——上海东海风力发电有限公司进行风电场的建设、管理及运行维护工作。2009 年 3 月 20 日，由华锐风电科技有限公司自主研发的我国第一台海上风电机组在上海东海大桥海上风电场，完成整体吊装。整个工程在 2010 年世博会之前已完成全部 34 台机组安装和调试，并投入运营。东海大桥海上风电场项目总投入为 30 亿元，计划安装 34 台华锐风电科技有限公司制造的 3MW 风力发电机组，总装机容量为 10.2×10^4 kW，年上网电量 2.5851×10^8 kW·h，将满足上海约 20 万户普通家庭一年的用电量（图 3.8）。

图 3.8　东风大桥风电场效果

3.3.2　沿海风电开发规划

3.3.2.1　海上风电相关政策

　　国家发改委于 2005 年在《可再生能源产业发展指导目录》中，将近海风电技术研发项目列为国家支持的优先领域。2006 年底，上海东海大桥海上风电场项目的启动，标志着我国海上风电示范工作的开始。

　　2007 年，国家《可再生能源发展"十一五"规划》中提出，主要在苏沪沿海探索近海风电开发的经验，加强对近海风能开发技术的研究，开展近海风能资源勘察评价和试点示范工程的前期准备工作，建设 1~2 个 10×10^4 kW 级近海风电场试点项目，为今后大规模发展近海风电积累技术和经验。

2009 年 1 月 15 日，由国家能源局主持召开的、中央及地方各有关政府部门、有关科研院所、有关单位和公司参加的"海上风电开发及沿海大型风电基地建设研讨会"，则是我国政府确定海上风电开发实施战略以及实质性地安排和部署海上风电各项前期工作的里程碑。此次会上，还发布了《近海风电场工程规划报告编制办法（试行）》和《近海风电场工程预可行性研究报告编制办法（试行)》等技术标准[13][14]。

2009 年 4 月国家能源局的国能新能 [2009] 130 号文件要求沿海各省（市、自治区）制定本地区海上风电发展规划，并提出近期拟开展前期工作的海上风电开发方案，报国家能源局审核。

2010 年 1 月 22 日，国家能源局印发并要求各有关机构执行《海上风电开发建设管理暂行办法》（国能新能 [2010] 29 号）。此管理暂行办法为规范海上风电项目开发建设管理，促进海上风电健康、有序发展而制定，其内容包括海上风电发展规划、项目授予、项目核准、海域使用和海洋环境保护、施工竣工验收、运行信息管理等环节的行政组织管理和技术质量管理。规定：国家能源主管部门负责全国海上风电开发建设管理；国家海洋行政主管部门负责海上风电开发建设海域使用和环境保护的管理和监督；海上风电技术委托全国风电建设技术归口管理单位负责管理等。对于海上风电规划，《办法》中指出，"国家海洋行政主管部门组织沿海各省（市、自治区）海洋主管部门，根据全国和沿海各省（市、自治区）海洋功能区划、海洋经济发展规划，做好海上风电发展规划用海初审和环境影响评价初步审查工作"。同时指出，"海上风电项目建设用海应遵循节约和集约利用海域资源的原则，合理布局。"[15]

2011 年 7 月 15 日，国家海洋局和能源局联合引发了《海上风电开发建设管理暂行办法实施细则》，进一步明确了海上风电项目前期、项目核准、工程建设与运行管理等海上风电开发建设管理工作。实施细则中明确提出，"海上风电前期工作包括海上风电规划、项目预可行性研究和项目可行性研究阶段的风能资源测量评估、海洋水文地质勘查、建设条件论证和开发方案等工作。省级海上风电规划由省级能源主管部门组织技术单位编制，在征求省级海洋主管部门意见的基础上，上报国家能源主管部门审批。国家能源主管部门组织技术归口管理部门进行审查，征求国家海洋主管部门意见后，由国家能源主管部门批复。海上风电规划应与全国可再生能源发展规划相一致，符合海洋功能区划、海岛保护规划以及海洋环境保护规划。要坚持节约和集约用海原则，编制环境评价篇章，避免对国防安全、海上交通安全等的影响。"此外，还要求"海上风电场原则上应在离岸距离不少于10 km、滩涂宽度超过 10 km 时海域水深不得少于 10 m 的海域布局。在各种海洋自然保护区、海洋特别保护区、重要渔业水域、典型海洋生态系统、河口、海湾、自然历史遗迹保护区等敏感海域，不得规划布局海上风电场。"进一步明确了海上风电场的开发建设要求。[16]

3.3.2.2　沿海风电发展规划

根据正在制定的"十二五"能源规划和可再生能源规划，2015 年，我国将建成海上

风电 500×10^4 kW，形成海上风电的成套技术并建立完整产业链，2015 年后，我国海上风电将进入规模化发展阶段，达到国际先进技术水平。2020 年我国海上风电将达到 $3\,000 \times 10^4$ kW。

（1）河北省

总目标：规划总装机容量 570×10^4 kW，其中唐山海上风电场规划装机 430×10^4 kW，沧州海上风电规划装机 140×10^4 kW。规划基准年：2010 年；近期规划水平年：2015 年；远期规划水平年：2020 年。

规划选址：涉及秦皇岛、唐山、沧州 3 个沿海城市。唐山选址 $1\,230$ km²，包括：曹妃甸港区东侧临近海域，京唐港西侧临近海域，曹妃甸港和京唐港之间海域，曹妃甸港以西海域，曹妃甸港和京唐港之间海域，京唐港以东海域，曹妃甸港和京唐港之间潮间带，曹妃甸港和京唐港之间潮间带（风速缓冲区），曹妃甸港西侧潮间带。沧州选址 340 km²，140×10^4 kW，主要位于沧州市黄骅海域，初定五块场址；秦皇岛选取两块海域，秦皇岛港以东海域，秦皇岛港以西海域。

（2）山东省

总目标：山东省海上风电总装机容量为 $12\,750$ MW。2010 年之前海上风电场主要以开展部分项目前期工作为主；2015 年，规划全省海上风电装机容量为 $2\,000$ MW；2020 年，规划全省海上风电装机容量为 $6\,000$ MW；2030 年，规划全省海上风电建设完成，总装机容量达到 $12\,750$ MW。

规划选址：主要分布于山东北部近海海域，其中：潮间带风电场装机容量 920 MW，近海海上风电装机容量 $11\,830$ MW。规划海域范围为山东省领海外界线以内，水深不超过 50 m 的海域，规划海域范围面积约为 6.3×10^4 km²。

鲁北海上风电基地：规划面积 483 km²，装机容量 150×10^4 kW。

莱州湾海上风电基地：规划面积 820 km²，装机容量 300×10^4 kW。

渤中海上风电基地：规划面积 539 km²，装机容量 170×10^4 kW。

长岛海上风电基地：规划面积 408 km²，装机容量 140×10^4 kW。

半岛北海上风电基地：规划面积 490 km²，装机容量 165×10^4 kW。

半岛南海上风电基地：规划面积 $1\,199$ km²，装机容量 350×10^4 kW。

（3）江苏省

规划目标：如表 3.19。

表 3.19　江苏省风电规划发展目标表　　　　　　　　　单位：$\times 10^4$ kW

规划水平年	2010 年	2015 年	2020 年	远期
陆上风电场	150	240	300	300
潮间带风电场	20	200	250	250
近海风电场		140	450	1 550
总计	170	580	1 000	2 100

规划选址范围：本次规划涉及的区域为江苏省沿海陆域滩涂、潮间带及近海海域。风电场按区域分为陆上风电场（包括沿海滩涂风电场）、潮间带及潮下带滩涂风电场（统称潮间带风电场）、近海风电场和深海风电场。江苏海域共规划潮间带风电场15个，规划总面积1 800 km^2，大部分分布在岸外的辐射沙洲；规划近海风电场53个，规划总面积7 480 km^2，分布在海州湾及其南部近海海域。划分4个风电基地：连云港及盐城北部、盐城东部、盐城南部和南通基地。

（4）上海市

总目标：整个海域滩涂风电场、近海风电场初选场址面积总计约1 794 km^2，相应的理论装机规模约795×10^4 kW。

风电场初选场址：金山风电场、奉贤风电场、东海大桥风电场、南汇风电场、横沙岛风电场、崇明风电场、长江北支风电场、深远海域风电场及沪浙东海风电场。

（5）浙江省

规划目标：如表3.20。

表3.20　浙江省风电规划发展目标表　　　　　单位：×10^4 kW

规划水平年	2012 年	2015 年	2020 年	2030 年
陆上风电场	50	70	80	100
海上风电场	20	150	370	620
总计	70	220	450	720

规划范围：本次规划范围主要有潮间带风电场及近海风电场，潮间带风电场3个，规划总面积200 km^2。近海风电场59个，规划总面积5 860 km^2。划分为杭州湾海域百万基地、舟山东部海域百万基地、宁波象山百万基地、台州海域百万基地和温州海域百万基地等5个百万基地（表3.21）。

表3.21　浙江省海上风电规划百万基地概况

基地名称	项目个数	场区个数	规划容量（MW）	规划面积（km^2）
杭州湾海域百万基地	19	21	3 800	1 520
舟山东部海域百万基地	8	8	2 600	1 040
宁波象山百万基地	6	6	1 800	720
台州海域百万基地	10	10	1 700	680
温州海域百万基地	19	19	5 250	2 100
总计	62	64	15 150	6 060

（6）其他各省

据了解，其他沿海各省也在纷纷编制风电规划，福建2015年规划300 MW，2020年规划1 100 MW，其余各省2015年总计约规划5 000 MW，2020年10 000 MW。

3.3.2.3　风电用海需求预测

（1）预测方法。风电用海需求采用两种预测方法：一是依据各省风电规划，将规划选扑面积累加；二是依据规划目标，根据单位海域面积风功率情况，计算所需海域总面积。

对于第二种方法，考虑风电设备以 3 MW 为主，每平方千米只能布置一台风机。以东海大桥风电为例，装机容量为 102 MW，申请海域面积 20 km^2（包括海底电缆用海），1 MW 约使用海域 20 hm^2。

（2）预测结果。各省市规划用海面积如表 3.22。

表 3.22　至 2020 年各省市风电用海需求预测表

省份	规划目标/（×10^4 kW）	规划海域/km^2	目标所需最少海域/km^2
河北	570	1 570	1 140
山东	600	3 939	1 200
江苏	700	9 280	1 400
上海	155	456	310
浙江	370	6 060	740
福建	110		220
其他	1 000		2 000
总计	3 505		7 010

依据全国"十二五"能源规划，2020 年海上风电将实现 3 000×10^4 kW 的规模，实现这个目标最少需要海域面积约 6 000 km^2，用海需求量巨大。

3.3.3　海上风电开发面临的主要问题

3.3.3.1　技术方面

相比陆上，海洋环境的复杂性对风机质量要求更高。目前，华锐风电、金风科技、湘电风能、国电联合动力、上海电气集团等风电设备制造企业正在研制 3 兆瓦级和 5 兆瓦级以上的机组。湘电风能 5 兆瓦机组、华锐风电 5 兆瓦、6 兆瓦机组已下线。

除了风机质量，海上风电安装船舶的短缺，施工经验不足，开发成本过高也是海上风电发展存在的障碍。据了解，海上风电的安装，无论是技术、工期，还是成本费用都取决于安装工具，也就是海上工程起重船舶。海上风电是近几年海上新兴的海洋工程，原来很多适用于海上石油的浮吊，难以满足海上风电安装的需要。

3.3.3.2　政策方面

在政策方面，海上风电用海需求大，单位面积效益相对较低，在同其他产业的用海"争夺"中处于劣势。

此外，海上风电开发涉及海洋、气象、军事、交通等领域，而目前我国尚未建立高效的协调管理机制，各部门遵循的规则和执法方式不协调，尚未形成统一认识，对海上风电开发形成了一定制约。

3.3.3.3　经济性方面

从整个风场的经济性来看，海上风场需要大型风机，但是限制风机发展尺寸的因素是经济性，而不是技术。

一方面，海上风机不同于陆地风机，为提高其防浪、防腐蚀等性能，提高稳定性和安全性，需要增加处理的成本；另一方面，海上施工具有难度，施工费用较多；最后海上风电的并网也存在技术上和经济上的难度。据统计，陆地风电风机成本占总成本的60%以上，其次为基础建设约15%，海上风电风机成本约占45%，支撑机构和安装占30%以上。

根据最近我国海上风电特许权招标的结果，近海风电场项目约0.74元/（kW·h）[滨海 30×10^4 kW，中标价0.737 0元/（kW·h），射阳 30×10^4 kW，中标价0.704 7元/（kW·h）]，潮间带风电场项目0.64元/（kW·h）[大丰 20×10^4 kW，中标价0.639 6元/（kW·h），东台 20×10^4 kW，中标价0.623 5元/（kW·h）]。

目前我国风电场并网的前期工作还没有规范化，风电还没有完全纳入电网建设规划，且缺少一系列必要的管理办法和技术规定以确保大规模风电的可靠输送和电网的安全稳定运行。

3.4　其他海洋可再生能源开发利用现状

海洋可再生能源开发利用是一项高投入、高风险、多学科的综合系统工程。欧、美等发达国家已具备了很好的技术基础，特别是近十年来，在沿海各国政府的高度重视和大力支持下，进入了快速发展阶段。海洋可再生能源发电的新概念、新技术和新装置如雨后春笋般的出现，形成了在基础理论研究、技术开发和工程示范等方面同时发展的态势，部分技术得到突破，初步实现了规模化、商业化运行。总体来讲，我国海洋能技术发展水平与国外差距不大，并且在近年来呈现出较快的发展势头。

我国十分重视海洋可再生能源发展。2006年颁布的《可再生能源法》明确将海洋可再生能源纳入可再生能源范畴，并明确了专项资金支持方向。《国家海洋事业发展规划纲要》、《国家"十一五"海洋科学和技术发展规划纲要》和《全国科技兴海规划纲要（2008—2015年）》中，均明确了海洋可再生能源的发展目标。目前，在可再生能源领域，我国已经出台并实施了《可再生能源法》，相关的价格、税收、强制性市场配额和并网接入等鼓励扶持政策也相继出台。在"十一五"期间，通过组织实施国家科技支撑计划、公益性项目、"908课题"等渠道，中央财政安排资金约6 000万元经费，支持我国海洋可再生能源的开发利用关键技术研究与示范工作。

在财政部与国家海洋局的共同努力与推动下，国家财政部设立了全国海洋可再生能源专项资金，该资金2010年将从海洋能独立电力系统示范工程、大型并网电力系统示范工程、开发利用关键技术产业化示范、综合开发利用技术研究与试验以及标准制定及支撑服务体系建设，共5个方面对我国海洋可再生能源技术与产业的发展提供全方位的支持。2010年专项资金的支持总额度为2亿元，支持力度超过了新中国成立以来海洋能科研经费的总和。对于我国的海洋能事业而言，该专项资金的设立具有里程碑式的意义。

3.4.1 潮汐能

3.4.1.1 潮汐能开发利用现状

我国利用潮汐能发电始于 20 世纪 50 年代后期，当时在东南沿海兴建了 40 余座小型潮汐发电站或动力站，限于当时的历史条件，没有科学研究及正规的勘测设计，不少站址选择不当，加之设备简陋、海水腐蚀、海生物附着或泥沙淤积问题未能解决，多数在运行一段时间后就停办或废弃。20 世纪 70 年代国家科委、水电部等主管部门开始组织系统进行潮汐能利用、潮汐发电机组的研制、海工建筑物及防海水腐蚀、海生物附着措施等研究工作。进行了电站的勘测设计，并于 70 年代末又建设了一批较大的潮汐电站，总装机约近 6 000 kW。其中包括国家科委"六五"攻关项目——浙江温岭县的江厦潮汐试验电站。

40 多年来先后建成并长期运行的潮汐电站有 8 座，主要分布在浙江、福建等沿海省份。装机容量最大的是浙江温岭江厦潮汐试验电站。江厦潮汐实验电站位于我国浙江省乐清湾北端的江厦港，1974 年建造，集发电、围垦造田、海水养殖和旅游业等多种功能。该站址最大潮差 8.39 m，平均潮 5.1 m，6 台机组，总装机 3 900 kW，为世界第 3 大潮汐电站。

自 1985 年江厦潮汐试验电站 5 台机组建成发电后 20 多年，我国潮汐能的开发利用基本处于停滞状态，不仅没有兴建新的潮汐电站，已建的潮汐电站有的因机组失修而报废停运，有的因大电网延伸到沿海边远地区，与大电网相比电价过高而退出竞争市场，有的因经营困难而关闭。

3.4.1.2 国内外潮汐能开发利用技术对比分析

表 3.23 为国内外的几个主要潮汐电站。

表 3.23 国内外已建成以及处于设计论证阶段的几个主要潮汐电站

站名	地点	平均潮差 /m	装机容量 /×10⁴ kW
朗斯（Rance）	法国圣马洛湾朗斯河口	8.5	24.0
安纳波利斯（Annapolis）	加拿大芬迪湾新斯科舍省安纳波利斯	6.4	2.0
江厦（Jiangxia）	中国浙江温岭市乐清湾	5.08	0.38
基斯洛（Kislaya）	俄国科列半岛巴伦支海岛拉尔河口	2.3	0.04
塞文（Sevem）*	英国塞文河口	8.3	720
默西（Mersey）*	英国利物浦附近默西河口	6.5	70
科列（Kolsk）	俄国巴伦支海摩尔曼斯克市沿海	2.36	4.08
图古尔（Tugursk）*	俄国鄂霍次克海的西南部	5.38	680
卢姆波夫（Lumbov）	俄国巴伦支海摩尔曼斯克市沿海	4.2	67
品仁（Penzhinsk）	俄国鄂霍次克海东北部	6.3	2 140
美晋（Mezen）	俄国白海口东侧美晋河口	5.66	1 520
坎伯兰*（Cumberland）	加拿大新斯科舍省芬迪湾顶部北侧	9.8	115

$$装机容量 / \times 10^4 \text{ kW}$$

续表

站名	地点	平均潮差/m	装机容量/×10⁴ kW
科别库依德* （Cobeguid）	加拿大新斯科舍省芬迪湾顶部南侧	11.8	402.8
卡奇湾（Kutch）	印度古吉拉特邦阿拉伯海沿岸	5.3	160
坎贝湾（Cambay）	印度古吉拉特邦阿拉伯海沿岸	6.8	736
加露林*（Garolim）	韩国西海岸汉城西南 100 千米	4.7	40
绍泽（Chausey）	法国西北部圣马洛湾	8.5	1 200
库克湾（Knik - Arm）	美国阿拉斯加湾	8.4	144

江厦潮汐试验电站是以国家重点科技攻关成果转化建成的我国最大、最先进的潮汐电站，其装机容量位居国内第一、世界第三。为此，我们主要以该站为例，评价我国潮汐能利用的技术水平。

（1）为江厦潮汐电站研制的两种结构形式的四工况灯泡型贯流式潮汐水轮发电机组，填补了国内空白，其主要性能指标接近法国朗斯潮汐电站的水平。其中研制的调速器与行星齿轮增速和直联两种结构的机组配套，能满足潮汐机组复杂的调节过程，其静动态特性的主要指标均已达到部颁标准。此外，两种结构形式的机组都能稳定运行，并各有特点。如能适应潮差变化而进行大幅度调节的导叶和桨叶双调结构；能适应多工况运行的灯泡型发电机；能承受正反向推力，并能有效阻止海水侵入机组的止水密封，以及无刷励磁和新型接力器回复机构等。

（2）在软基础上建筑水库堤坝的设计施工获得成功，建筑物稳定可靠。江厦潮汐电站堤坝建于承载能力小于 0.1 kg/cm² 的海相淤泥黏土层上，坝两侧水位每天经历四次大起大落的泄降，经长期考验，建筑物稳定可靠，无不均沉陷、断裂和倾斜等现象发生。

（3）选址合理、坝址正确，库内外泥沙淤积不明显。因为江厦潮汐电站处于乐清湾的顶部，海水含沙量少（1973 年实测年平均 0.064 kg/m³），泥沙颗粒细（粒径小于 0.02 mm），再加上电站双向运行水流湍急，不利于泥沙淤积。据 1982 年与 1972 年对江厦潮汐电站库区实测地形比较，发现库区虽有冲、淤，但均不严重，库内尾部两侧 +1.2 m 高程以下有 10~30 cm 淤积，深库部位冲刷 1 m 多。

（4）机组构件和流道防海水腐蚀和防海生物污损技术措施成效明显。为了提高潮汐电站机组构件和流道防海水腐蚀、防海生物污损的性能，采取的主要技术措施有：①采用厚浆型环氧沥青漆和电解海水外加电流阴极保护技术防腐蚀，如江厦潮汐电站就采用了高接触型氧化亚铜涂料防污；②采用"AC-15"铝粉漆防锈和"836#"沥青防污，如海山站；③采用不锈钢制水轮机叶轮，如江厦、岳浦、海山站；④采用喷灯烧死附着生物后涂水柏油，如岳浦站。

浙江省潮汐能开发技术经过 40 多年的实践，特别是经过江厦电站的研建和 20 世纪 80—90 年代的规划论证和研究，在潮汐电站规划选点、设计论证、设备制造安装、土建施工和电站运行管理等方面都取得了较大的技术进步和积累了丰富的经验，技术水平在国际上已居较先进的地位。浙江省的潮汐能开发因建成的小型电站多和库区综合利用搞得好而受到国外同行的关注。俄国潮汐发电专家曾著文称"江厦潮汐电站不仅对于中国，而且对其他国家今后潮汐电站的建设都具有杰出的意义，应给予高度评价"。

但是，我国潮汐能开发的整体规模和单机容量还很小，海工建筑物形式和施工方法还欠先进。

3.4.1.3 潮汐能开发利用存在的主要问题及原因

1）存在的主要问题

（1）已开发的潮汐电站规模小、投资高。位居"亚洲第一"、"世界第三"的浙江省江厦潮汐试验电站装机容量仅为 3 900 kW，远低于万千瓦级的规模。最大单机容量仅为 700 kW，是目前法国朗斯潮汐电站总装机的 1/60 和单机容量的 1/14。

（2）经济效益差。我国潮汐电站由于装机容量少、运行自动化程度低、职工人数多，造成潮汐电站的经济效益普遍低下。加上就站建站，未充分利用围地和水面进行综合开发，电站工程设施的综合利用程度不高，缺少创收条件。

（3）设备材料不过关，运行成本高。现行的适应海水的低水头大流量灯泡贯流式水轮发电机组在选材、制造等方面尚有一些难点，机组抗锈蚀、抗生物附着能力差，导致机组运行维护成本较高。若过流面全部采用抗锈蚀能力好的不锈钢材料，则机组的制造成本居高不下。

（4）政府有关部门对潮汐能开发利用的意义和作用认识不足，对开发工作重视和支持不够，缺乏相应的激励政策和优惠措施，从而削弱了开发利用潮汐能的积极性。

2）潮汐电站发展缓慢的主要原因

（1）单机容量太小。潮汐电站是在潮差较大的海湾或河口筑坝，利用坝内外水位差发电，而全世界潮差最大也不超过 18 m（北美芬地湾），我国潮差最大的地方是杭州湾，也只有 8.9 m。因此，潮汐电站均为低水头电站。低水头电站要获得大的装机容量必然要加大机组过流量，这样水轮机及附属过流部件尺寸随之增大，机组单机容量受到限制。

（2）单位千瓦投资大是潮汐电站发展缓慢的重要原因之一。以江厦潮汐试验电站为例，从 1972 年立项建设，到 1985 年底建成为止，装机 3 200 kW，总投资 1 278.7 万元，单位千瓦投资 3 996 元。当时我国大中型低水头电站单位千瓦投资为 2 000 元左右，因此江厦电站的投资是同期低水头水电站的 2 倍左右。法国朗斯潮汐电站的单位千瓦投资是同期水电站的 2.5 倍。

（3）建设潮汐电站通常要在海水中筑坝、建厂房和充水闸等海工建筑物，并且时常遇到软弱地基，不仅工程量巨大，而且施工难度大，工期长，更加大了工程投资。

（4）潮汐电站的水轮机及其附属设备的水下部分和上述海工建筑物，长期浸泡在海水中受到海水的腐蚀和海生物的污损，需要采取防治措施，平时需要经常维护和检修。与水电站相比建设投资和运行费用增大较多。

（5）潮汐电站的发电出力虽然年际、月际之间变化不大，但月内和日内变化较大，需要具有调节性能的其他电站与之配合运行。

3）我国潮汐能开发利用存在的几个具体问题

（1）现有潮汐发电机组的海水腐蚀和海生物污损防治费用和检修费用高，一方面提高了发电成本，另一方面降低电站运行效率和机组可用率，使年发电量减小，影响电站经济收入和生存能力。

（2）现有海工建筑物的结构形式单一，多为堆石坝，工程量大。施工方法比较原始，工期长，费用大，使电站经济评价指标偏高，不利于推广潮汐能资源的进一步开发。

（3）泥沙淤积问题虽然在江厦、海山等电站不甚严重，没有形成威胁电站正常运行的制约因素，但少量淤积仍然存在，而且曾经有潮汐电站因淤积严重而无法运行。有的电站虽然采取清淤措施能够维持正常运行，但每年的清淤费用高负担过重。

（4）国家对潮汐能开发的政策不明确，类似江厦潮汐电站的试验性电站较少，科技创新投资力度小。

（5）上网电价低。目前我国风能的上网电价大约平均每度 0.55 元左右。现在仍在运行的三座潮汐电站的上网电价分别是：山东白沙口每度 0.32 元、浙江海山每度 0.46 元、浙江江厦每度 2.58 元。但江厦潮汐电站的上网电价从 1982 年到 1998 年的 16 年间一直低于当地小水电的上网电价；1999 年到 2002 年与小水电的上网电价相当；直到 2003 年电力体制改革，上网电价达到了现行的价格。这一上网电价是得到了浙江省电力公司的大力支持，只能作为个案看待，不具有普遍性。

（6）科研人员的人才结构不合理，科技队伍高龄化，学科带头人少。

（7）由于我国资金不足，国家不可能有大量资金用于潮汐能发电技术的研究和开发，这是一个关键性限制因素。

3.4.2　潮流能

3.4.2.1　潮流能开发利用现状

我国较为系统的潮流能发电技术研究开始于 1982 年。主要参加单位有哈尔滨工程大学、东北师范大学、浙江大学等。研制过程中得到了企业的赞助。

哈尔滨工程大学的第一个潮流发电研究成果"万向 I"号 70 kW 潮流实验电站，采用双鸭首式船型载体，载体内安装水轮机、发电装置和控制系统。锚泊系统由 4 只重力锚块、锚链和浮筒组成；水轮机采用立轴可调角直叶片摆线式双转子机型，水轮机主轴输出端安装液压及控制系统进行调速，将机械能转换为稳定的压力能和稳定的转动输出，带动发电机工作。发电系统还具有蓄电池充电控制、并网控制和相关的保护功能。发电装置的研制得到了科技部"九五"科技攻关计划的支持，2002 年 1 月完成。装置安装正在浙江省岱山县龟山水道，水深 40～70 m，离岸 100 m，进行了海上试验。"万向 I"和意大利的 Kobold 电站于同一时期建成，是世界上第一个漂浮式潮流能试验电站。

在科技部"十五"、"863 计划"的支持下，哈尔滨工程大学又研制了 40 kW 海底固定式垂直轴潮流能装置。该装置安装在岱山县高亭镇与对港山之间的潮流水道中，2005 年 12 月研建完成。这是一个独立供电系统，采用可变角直叶片立轴 H 型双转子水轮机。载体呈双导流箱形，由机舱、浮箱、导流罩、沉箱和支腿构成，机械增速系统与发电机组密封于机舱中。电站沉没于水下，坐在海底运行发电，避免了潮流发动机组受强台风袭击的问题。电力通过海底电缆输送到岸上，经电能变换与控制等系统稳频稳压和储能，供岸上灯塔照明。电站具有下潜和上浮功能，便于安装维护。

在科技部"十一五""863计划"和联合国工业发展组织的支持下，哈尔滨工程大学和意大利阿基米德桥公司正在联合研制250 kW水面漂浮式垂直轴潮流能发电装置。该装置采用船形载体和意大利的Kobold垂直轴水轮机。项目开始于2007年8月，并于2009年12月结束。

为了解决水下观测仪器的供电问题，"十一五"期间科技部"863计划"支持了东北师范大学研制1 kW水下漂浮式水平轴潮流能装置。该装置由水下锚泊系统、发电机、软轴、水平轴水轮机组成，采用了转换效率较高的水平轴水轮机。为避免现有水平轴水轮机需要调整浆距，且在反向水流时效率下降的缺点，该装置采用了软轴，将水平轴水轮机与垂直安放的发电机连接，使水轮机组正对水流方向。这是该装置的创新点之一。

在科技部"十一五"期间的"863计划"项目中还支持了浙江大学研制5 kW固定式水平轴潮流能装置。

我国尚没有研建大型潮流能发电站的经验和能力，且在短期内难以赶上世界先进水平；先发展中小型的潮流能发电技术，走模块化、规模化的发展道路，应该是短期内我国潮流能利用的发展方向。

目前正在开展的国家科技支撑计划"海洋可再生能源开发利用关键技术研究与示范"，其中包括两个潮流能利用项目：20 kW海流能装置关键技术研究与示范和150 kW潮流能电站关键技术研究与示范，项目实施年限为3年。在上述示范试验的基础上，我国潮流能开发利用技术会有很大的提高，随着技术的发展，我国潮流能的低成本规模化开发利用一定会成为现实。

3.4.2.2　国内外潮流能开发利用技术对比分析

（1）技术对比。与国外潮流能发电技术相比，我国在潮流能发电技术研究与开发方面与世界先进水平相差较大，我国先于国外发展的低流速发电技术具有一定优势，但发电装置的装机容量远小于国外，目前国外百千瓦级的实验电站居多，这也是我们未来努力发展的方向。

（2）适合于我国的潮流能发电技术。潮流能利用涉及很多关键问题需要解决。例如，潮流能具有大功率低流速的特性，这意味着海流能装置的叶片、结构、地基（锚泊点或打桩桩基）要比风能装置有更大的强度，否则在流速过大时可能对装置造成损毁；海水中的泥沙进入装置可能损坏轴承；海水腐蚀和海洋生物附着会降低水轮机的效率及整个设备的寿命；漂浮式潮流发电装置的抗台风问题和影响航运的问题。因此，未来潮流能发电技术研究要研发易于上浮的坐底式发电装置，以免影响航运，并且要能够抗台风和易于维修，还要针对海洋环境的特点研究防海水腐蚀和海洋生物附着的技术。

目前英、美等发达国家正在计划研建兆瓦级的大型潮流能商业示范电站，进行方案对比分析，而我国目前的示范计划规模较小。在科技部支持下，哈尔滨工程大学研建了70 kW的潮流能发电装置，目前正在研建220 kW的潮流能发电装置。东北师范大学在低流速海流发电机、海洋水下发电机的高绝缘封灌等关键技术方面已取得了突破，并积累了一些经验，为进一步大规模开发利用潮流能发电奠定了基础。

我国应充分吸取国外技术的合理部分，着手研发适合本国国情的技术，力争在潮流能发电技术上有所突破。我们在研究时不仅要追求高效率（高适应性）、低成本、高可靠性，还应该注意要易于维护和研究，以利于技术的发展。因此，我国潮流能发电技术的发展方向应为能适应不同来流方向的、易于维修的水平轴水轮机发电技术，并在此基础上借鉴国外的先进经验，研发大型的潮流发电机组，为规模化开发应用奠定基础。

3.4.2.3　我国潮流能开发利用中存在的问题

1）缺乏整体战略规划，严重影响海洋可再生能源发展

"十五"前后，我国有关部门低估了海洋可再生能源研究与开发的市场前景，从发展战略上放弃了海洋可再生能源，这可以从原国家发展计划委员会的"十五"能源发展重点专项规划中看得出来：没有海洋可再生能源。

"六五"和"七五"期间，科技部成立了海洋组，设在国家海洋局，主要工作就是抓海洋可再生能源的开发利用，进行海洋可再生能源开发的重点科技攻关；"八五"后取消了海洋组，但国家科委还在抓海洋可再生能源工作，这主要是"七五"留下的项目；"九五"重点攻关项目主要有3个；"十五"之前，能源研究会与国家海洋局受国家科委委托，编制《"十五"及2015年全国海洋可再生能源开发利用发展规划》，没有被最后批准执行，处于海洋可再生能源研究与开发的断档状况，只有一项"863"项目，其他都为延续或自研项目，科研零星，没有工程。因此，"十一五"规划不能耽搁。

海洋可再生能源发展战略与发展规划直接影响海洋可再生能源开发的研究与利用。由于没有进行过综合性的海洋可再生能源发展战略与发展规划研究，使海洋可再生能源的开发利用长期处于盲目状态。

2）长期缺少归口部门，管理欠缺，研究无序

"八五"期间科技部取消海洋组之后，我国海洋可再生能源的开发利用基本处于管理欠缺和研究无序的状态。由于缺乏有效的行政监管体系，管理薄弱，也就不可能有更好的规划、更多的投入，使我国海洋可再生能源的开发利用在相当长的一段时间处于低谷。

3）研究投入少，装机容量小

虽然我国在潮流能研究与开发方面取得了一定的成绩，但是必须看到，我国潮流能利用的规模都小，没有能力和条件进行较大装机容量的研究与开发，距低成本规模化开发利用相距甚远。

要加快我国潮流能的开发利用，必须加大投入，研究具有实用价值的、装机容量大的开发技术，然后在规模化和商业化的基础上降低建设成本。必须认识到的是，研究阶段，不能以研究经费来计算研究设备每千瓦的投入。由于开展潮流能研究投入高，将这种研究投入计算成发电成本的错误方法一直影响着是否需要开展技术研究的决策，严重制约着我国海洋可再生能源的研究与开发。

4）政策引导无力，企业投入无利

由于海洋可再生能源的开发利用需要大量的资金，国家又没有规划和资金投入，因此地方政府即使认识到海洋可再生能源的重要性也不可能有能力进行投资，国家规划和政策导向也迫使地方政府和企业从长远的角度放弃了海洋可再生能源的开发利用。

3.4.3 波浪能

3.4.3.1 我国波浪能开发利用现状

我国是世界上主要的波浪能研究开发国家之一。从 20 世纪 80 年代初，开始对固定式、漂浮式振荡水柱波浪能装置和摆式波浪能装置等进行研究。1985 年中国科学院广州能源研究所，开发成功利用对称翼透平的航标灯用波浪发电装置。中国科学院广州能源研究所在 BD102B 型装置的基础上研制的 BD102C 型航标灯用波浪能发电装置，是专门为沿海航道导航灯浮标研制的新一代 10 W 航标灯用波浪能发电装置，已形成商业化，已销售 700 多台，并出口到日本、英国等国。

"七五"期间，由该所牵头，在珠海市大万山岛研建了一座波浪电站并于 1990 年试发电成功。电站装机容量 3 kW，对称翼透平直径 0.8 m。"八五"期间，在原国家科委的支持下，由中国科学院广州能源研究所和国家海洋局天津海洋技术所分别研建了 20 kW 岸式电站、5 kW 后弯管漂浮式波浪能发电装置和 8 kW 摆式波浪电站，均试发电成功。

"九五"期间，在国家科技攻关"863"高新技术研究计划项目的支持下，广州能源研究所，在广东汕尾市遮浪研建 100 kW 岸式振荡水柱电站，2001 年建成发电。同时，由国家海洋局海洋技术所研建的 30 kW 摆式波浪能电站，已在 1999 年 9 月在青岛即墨大管岛试运行成功，2001 年建成发电。

3.4.3.2 国内外波浪能开发利用技术对比分析

我国波浪能发电研究虽然起步较晚，但在国家科技攻关"863"高新技术研究计划项目的支持下，发展较快。微型与小型波浪能发电技术已经成熟，并已进入商业化阶段。但是我国波浪能发电装置研究及示范试验的规模较小，参与科研单位少，与英国、日本和挪威等国相比，还有很大差距。

航标灯所用的微型波浪发电装置已商品化，现已生产数百台，在沿海海域航标和大型灯船上推广应用。与日本合作研制的后弯管型浮标发电装置，已向国外出口，该技术属国际领先水平。在珠江口大万山岛上研建的岸边固定式波浪能电站，第一台装机容量 3 kW 的装置，1990 年已试发电成功。"八五"科技攻关项目总装机容量 20 kW 的岸式波浪能试验电站和 8 kW 摆式波浪能试验电站，均已试建成功。总之，我国波浪能发电虽起步较晚，但发展很快。振荡水柱式和摆式波浪能发电装置，其技术与国外差距不大，但发电装置的装机容量远小于国外。微型波浪能发电技术日趋成熟，小型岸式波浪能发电技术已进入世界先进行列，但开发的规模远小于挪威、美国和英国，甚至落后于印度，小型波浪能发电距实用化尚有一定的距离。

英国研建的 Pelamis 漂浮式波浪能发电装置具有很好的抗浪性，适合较大的浪区，发电比较稳定，而且是第一个商业化设计的波浪能发电系统。美国研建的波浪发电浮标 Power Buoy 被誉为新一代波浪能转换装置，已实现了产品化。新型鸭式技术近年来发展缓慢，但该技术转换效率较高，我国已经具备了一定的技术基础，应当加快装置研制步伐；新型悬浮摆式波浪能发电装置是我国在前期研究的基础上的技术创新，其优点是更加符合波浪的动力学特性，提高了转换效率，使模块化、低成本、大规模波浪能开发利用成为可能。

3.4.3.3　波浪能开发利用中存在的问题

波浪能利用中的关键技术主要包括：波浪的聚集与相位控制技术；波浪能装置的波浪载荷及在海洋环境中的生存技术；波浪能装置建造与施工中的海洋工程技术；不规则波浪中的波浪能装置的设计与运行优化；往复流动中的透平研究等。

目前海浪发电技术虽然已经由示范阶段向商业化开发阶段迈进，但海浪发电技术还需要进一步的攻关和发展。因为波浪能源采集设备从海面的巨浪中吸附能量，波浪能发电技术是前无古人的创新技术。在海浪发电技术达到商业应用前，还有许多技术问题和经济问题需要解决。目前海浪发电技术面临的一个主要问题是这项技术的可靠程度和效率，仍满足不了投资者和政府期望。此外，还有以下几个普遍存在的问题：

1）投资成本高

海洋波浪能发电的投资成本居高不下，其主要原因是海浪发电技术涉及的专业覆盖机械、结构、海洋、液压工程、控制系统和造船工程学等；海浪发电设备研究周期长，在开发海浪发电设备的过程中，首先根据样品测试反馈回来的信息形成初步构思，或者根据具体的气候条件，对现有的设计进行性能提升。然后产品初步设计完成后，先进行计算、测试检验，检验通过后，制作等比例样机进行波浪模拟水池测试试验，并观察产品非线性性能。一旦整体设计完成后，工程师才着手设计机器的关键部件。机器的关键部件制成后，必须完成大多数部件的有限元分析，并整合液压系统、电气布局和生产组装所需要求等不同部门的反馈信息。所以制作产品的生命周期长达 20 年。产品设计制造者要对部分组件进行大量的设计迭代，针对产品疲劳性能和压力分析进行测试等工作。整体产品设计完成后，工程师们才开始进行详细设计、制造，每个环节都要付出艰苦的劳动和花费巨额资金。

因此，要依靠降低工程设计的成本，从最初设计到最终优质、可靠的产品生产过程中，各个部分之间合理分工，相互协作，降低成本，提高效率难度很大。

2）面临必要的需求市场是海浪发电技术进入商业化开发阶段最大难点

海浪发电技术进入商业化开发阶段，面临的主要挑战不仅仅在于生产优质、可靠的产品，更多的则是急需得到政府方面的支持，以便创造出支持首批项目所必要的需求市场，为实现海浪发电产品规模化生产与发展，奠定基础和提供有效市场保障。

3）海浪发电场选址的局限性

海浪发电技术另一挑战，在于找到适宜部署波浪发电场的海区。如波浪能借以产生最大电力的栅极电容可用性、所选场址不受商船、渔船船队和休闲旅游人员等其他水面使用者的干扰等。

此外，环境问题也很重要，因此项目实施前一般需要进行环境影响评估，以取得在相关区域安装和运营项目的许可。

3.4.4 温差能

3.4.4.1 我国温差能开发利用现状

我国南海海域具有日照强烈、温差大且稳定、全年可开发利用、冷水层离岸较近、近岸海底地形陡峻等特点。然而，我国除南海之外的其他海区都不具备建立温差能发电站的条件，主要原因是东海、黄海陆架宽，表层和底层水温差太小。

与国外相比，我国的温差能开发利用技术在示范规模和净输出功率方面，还存在着明显的差距。我国 20 世纪 80 年代初开始在广州、青岛和天津等开展温差发电研究，1986 年广州研制完成开式温差能转换试验模拟装置，利用 30℃以下的温水，在温差 20℃的情况下，实现电能转换。1989 年又完成了雾滴提升循环试验研究，有效提升高度达 20 m，为当时世界同类设备达到的最高值。但进入 90 年代后便终止了研究。另外，中国台湾省从 1980 年开始，对台湾岛东海岸的海洋温差能资源进行了调查研究，并对花莲县的和平溪口、石梯坪和台东县的樟原等三个初选地址进行了自然环境条件调查研究评价和方案设计，曾计划 1995 年采用闭式循环建设一座 4×10^4 kW 的岸式示范电站。

中国台湾红柴海水温差发电厂计划利用马鞍山核电站排出的 36 ~ 38℃的废热水与 300 m 深处的冷海水（约 12℃）的温差发电。铺设的冷水管内径为 3 m，长约 3 200 m，延伸到台湾海峡约 300 m 深的海沟。预计电厂发电量为 1.425×10^4 kW，扣除泵水等动力消耗后可得净发电量约 0.874×10^4 kW。该海水温差发电系统由台湾电力公司委托设计，初步设计已在 1982 年完成。

20 世纪 80 年代中期，我国广州能源研究所曾在实验室进行过开放式温差能装置的模拟研究。1985 年中国科学院广州能源研究所开始对温差利用中的一种"雾滴提升循环"方法进行研究。这种方法的原理是利用表层和深层海水之间的温差所产生的培降来提高海水的位能。据计算，温度从 20℃降到 7℃时，海水所释放的热能可将海水提升到 125 m 的高度，然后再利用水轮机发电。该方法可以大大减小系统的尺寸，并提高温差能量密度。1989 年，该所在实验室实现了将雾滴提升到 21 m 的高度记录。同时，该所还对开式循环过程进行了实验室研究，建造了两座容量分别为 10 W 和 60 W 的试验台。

2004—2005 年，天津大学开展混合式温差能利用技术研究工作，并进行了实验室试验工作。"十一五"期间，我国启动了 15 kW 闭式温差能电站关键技术研究项目。2008 年我国开展了国家科技支撑计划项目"海洋可再生能源低成本规模开发利用技术研究"，其中包括"15 kW 温差能发电装置研究及试验"，通过海洋温差能低成本发电装置的研建，提高换热器换热系数，减小换热器体积、降低成本。项目设计净动力输出功率 5 kW，年发电量 2×10^4 kW·h，换热器换热系数设计 1.5 kW/（m^2·℃）以上。

总体来说，我国温差能开发利用技术仍处在关键技术研究阶段，还未达到实际海况示范试验的水平。

3.4.4.2 国内外温差能开发利用技术对比分析

与国外温差能发电技术相比，我国在温差能发电技术研究与开发方面与世界先进水平有一定的差距。美国、日本、荷兰、法国、英国、印度都在设计或计划建设万千瓦或十万瓦级的温差能电站。中国台湾已拨款资助一项海洋综合利用项目的前期预研计划，在台湾东部沿海建造一座 5 000 kW 的集发电、水产养殖和娱乐于一体的海洋温差能转换电站。我国还对海洋温差利用中的"雾滴提升循环"方法和闭式、混合式海洋可再生能源发电进行了理论和实验室研究。

目前我国海洋温差能的发电技术总的来说还处于未成熟阶段，我国应充分吸取国外技术的合理部分，着手研发自己的先进技术，力争在海洋温差能发电技术上有所突破。

我国的海洋温差能发电技术发展方向上应发展高效、低成本，易于维护的闭式海洋温差能发电技术。

总之，经过"六五"至"十五"长时间的科技攻关，我国在波浪能、海流能和温差能等的研究与开发方面取得了许多重大技术突破，积累了许多经验，形成多项科研成果。国内科研院所和大学在海洋可再生能源开发利用方面的科研水平、队伍组织、实验条件、工程示范等各方面都拥有了一定的基础，为"十一五"期间开展海洋可再生能源低成本规模化开发利用创造了良好的条件。

3.4.4.3　我国温差能开发利用中存在的问题

目前，很多海洋温差能发电系统仅停留在纸面上，在达到商业应用前，还有许多技术问题和经济问题需要解决。目前海洋温差能发电面临的一个主要问题是投资者和政府对这项技术的可靠程度和效率持怀疑态度，此外，还有以下几个普遍存在的问题：

1）投资成本高

海洋温差能发电的投资成本居高不下，其主要原因是热交换系统、管道和涡轮比较昂贵。解决这个问题，还是要依靠降低工程设计的成本，各个部分之间要合理分工，相互协作，降低成本，提高效率。

2）与其他能源竞争激烈

很多对海洋温差能发电经济效益的分析表明，海洋温差能发电在特定的地方是可行的，如在淡水短缺的岛屿上；但由于制造海洋温差能发电设备的投入很大，在常规条件下比传统的能源昂贵几倍，与其他能源的竞争力会下降。

3）地理上的局限性

海洋温差能发电所需的原料蕴藏量大、清洁无污染、对环境的破坏小，可以实现能源的可持续发展，是我们解决能源短缺和环境问题的最好方法之一。

温差能利用的最大困难是温差太小，能量密度低，而且换热面积大，建设费用高，目前我国仍在积极探索中。由于海洋热能资源丰富的海区都很遥远，而且根据热动力学定律，海洋热能提取技术的效率很低，因此可资利用的能源量是非常小的。但是即使这样，海洋热能的潜力仍相当可观。在自然界中的温差变化是一种丰富的绿色能源，随着现代科学技术的发展，这种新型能源正在被人们认识和利用。

3.4.5 盐差能

3.4.5.1 我国盐差能开发利用现状及评价

我国于 1979 年开始这方面的研究。高成本的膜材料一直是限制盐差能技术发展的主要因素,目前这项研究仍处在基础理论研究上,尚未开展能量转换技术的实验。

我国对渗透压能法技术研究开展了较多工作。1985 年,宁克信等在西安采用半渗透膜研制成干涸盐湖盐差发电实验室装置,半透膜面积为 14 m^2。试验中淡水向浓盐水渗透,浓盐水水柱升高 10 m,水轮发电机组电功率为 0.9 ~ 1.2 W。

3.4.5.2 国内外盐差能开发利用技术对比分析

与国外相比,我国尚未在盐差能应用方面进行过试验和研究,更没有突破性的进展和能够应用的报道。

3.4.5.3 我国盐差能开发利用中存在的问题

盐差能是以化学能形态出现的海洋可再生能源,从理论上讲,一条流量为 1 m^3/s 的河流的发电输出功率可达 2 340 kW。利用大海与陆地河口交界水域的盐度差所潜藏的巨大能量一直是科学家的理想。在 20 世纪 70 年代,沿海各国开展了许多调查研究,以寻求提取盐差能的方法。实际上开发利用盐度差能资源的难度很大,为了保持盐度梯度,还需要不断地向水池中加入盐水。如果这个过程连续不断地进行,水池的水面会高出海平面 240 m。对于这样的水头,就需要很大的功率来泵取咸海水。目前已研究出来的最好的盐差能实用开发系统非常昂贵。这种系统利用反电解工艺(事实上是盐电池)来从咸水中提取能量。根据 1978 年的一篇报告测算,投资成本约为 50 000 美元/kW。也可利用反渗透方法使水位升高,然后让水流经涡轮机,这种方法的发电成本可高达 10 ~ 14 美元/(W·h)。还有一种技术可行的方法是根据淡水和咸水具有不同蒸汽压力的原理研究出来的:使水蒸发并在盐水中冷凝,利用蒸汽气流使涡轮机转动。这种过程会使涡轮机的工作状态类似于开式海洋热能转换电站。这种方法所需要的机械装置的成本也与开式海洋热能转换电站几乎相等。但是,这种方法在战略上不可取,因为它消耗淡水,而海洋热能转换电站却生产淡水。盐差能的研究结果表明,其他形式的海洋可再生能源比盐差能更值得研究开发。

3.5 我国海洋可再生能源的发展趋势与需求

3.5.1 资源潜力

我国拥有约 300 × 10^4 km^2 的管辖海域和 3.2 × 10^4 km 的大陆海岸线及岛屿岸线,这里蕴藏着丰富的海洋可再生能源资源。根据初步调查数据统计,我国沿海 10 m 等深线以里潮汐能蕴藏量为 1.93 × 10^8 kW,初步统计的可开发装机容量为 500 kW 以上的潮汐能发电的站址就共有 171 处,总装机容量为 2 283 × 10^4 kW,年发电量可达 626.41 × 10^8 kW·h;

波浪能的理论平均功率为 $2\,597 \times 10^4$ kW；潮流能理论平均功率为 833×10^4 kW。我国管辖海域纵跨温带和热带，蕴藏着巨大的温差能资源，在各种海洋可再生能源中数量最大，主要分布在中国南海和台湾以东的中国海域。初步估计，仅南海蕴藏的温差能可开发量就达 3.67×10^8 kW。蕴藏在河口的盐差能，数量达到 1.13×10^8 kW。我国沿海 50 m 等深线以浅海域风能资源为 8.83×10^8 kW。因此，我国沿海海洋可再生能源的蕴藏量有 13.88×10^8 kW。

3.5.2　技术潜力分析

潮汐能发电不仅技术上是成熟的，在经济上也具有越来越强的竞争性，是很有发展前途的一种海洋可再生能源利用方式。

波浪能技术基本成熟，具备商业开发条件，一些装置取得了成功，并进行了商业化运行。其中，具有代表性的技术是英国的 Pelamis，该装置安装于葡萄牙，总容量为 2 250 kW。

潮流能技术基本成熟，初步具备商业开发条件。英国 MCT 公司在 2008 年研制了一台名为 SeaGen 的潮流发电装置，该装置装机功率 1 200 kW，并实现了向英国国家电网的输电，这是世界上第一台实现并网输电的潮流能发电机。

海洋温差能被国际社会认为是最具潜力的海洋可再生能源。目前，世界海洋温差能发展的重点是放在解决供电和饮用水、空调、海水养殖、海水淡化和制氢等产业方面，并通过综合利用（例如制氢、淡化海水、发展水产养殖、空调等）的途径解决电价偏高的问题；温差能因其蕴藏量最大，能量最稳定，人们对其寄予期望最大，研究投资最多，技术已基本成熟。

3.5.3　制约因素分析

1）技术尚不成熟

除了建坝潮汐发电以外，大多数海洋可再生能源技术均处在示范试点阶段。其中一些技术尚不稳定，且具有可变的电力输出，可预测性水平各不相同（如波浪能、潮汐能和潮流能等），而其他一些技术也许能够做到近常态或可控运行（如温差能和盐差能）。

2）政策还不完善

我国除了潮汐发电上网定价政策外（如江厦电站），其他各种鼓励海洋可再生能源开发利用的政策尚属空白。

3）认识程度不高

除了技术不成熟、政策不完善外，社会对海洋可再生能源的认识程度低的原因主要有两个：一是传统能源的价格低廉，使用已成习惯；二是科技界对海洋可再生能源的认识尚不够，特别是海洋可再生能源工作者的努力和推广不够。

4）开发利用目标及建议

针对本轮区划编制，对于海洋可再生能源我们提出以下建议和发展目标。

　　统筹制订发展规划，采取国际合作与自主创新相结合的方式，加快海洋能开发利用，加大示范试验力度，突破我国海洋能开发利用中存在的关键问题，建立健全相关政策及公益性服务体系，逐步解决边远海岛无电和人口用电问题，促进海洋可再生能源技术和产业发展，提高技术研发能力和产业化水平，切实提升我国海洋可再生能源规模化开发应用能力。到 2015 年，使我国海洋能开发利用总体水平达到发达国家 21 世纪初的水平。具体目标为：初步解决 5 ~ 8 个海岛供电问题。力争总装机容量达到 60×10^4 kW，其中离岸风电 50×10^4 kW，潮汐能 10×10^4 kW，潮流能 1×10^4 kW，波浪能 0.4×10^4 kW。

4 海洋矿产与能源开发对环境及 其他用海活动的影响

4.1 海洋油气开发的环境影响

4.1.1 海洋油气开发产生的污染物

海洋油气开发包括海底油气勘探、钻井、测井、井下作业、采油、采气、油气集输等多个环节。在海洋油气田开发生产过程中，产生的污染物按其形态可分为六类：海下爆破产生的污染物、海体污染物、大气污染物、固体污染物、噪声及放射性污染等。[17]

按其生产过程来划分：①在石油勘探、钻井平台施工过程中的污染源是地下爆破震源、噪声，产生的污染物有冲击波、有机氮、悬浮物等；②在钻井过程中会产生废气、废水、废渣和噪声等。③伽玛源、中子源和放射性同位素等放射性物质被广泛地应用于生产过程之中，由此带来放射性"三废"物质以及因操作不慎而溅、洒、滴入海洋中的活化液；挥发进入空气中的放射性气体，被污染的井管和工具等。④井下作业形成的污染源比较复杂。在压裂施工中会产生大量的废弃压裂液；平台发电机组、高压泵产生的废气、噪声和振动；在酸化施工中，酸化液与硫化物积垢作用后可产生有毒气体 H_2S，造成大气污染，酸化排出的污水含有各种酸液；在注水和洗井施工中产生的洗井污水。⑤采油（气）作业过程中会产生大量含油废水；由于生产事故或井喷产生的废气、落海石油；油砂及噪声。⑥油气通过管道或油轮运输过程中，由于自然因素、操作失误、管道腐蚀老化等因素造成输油管道破裂泄漏，油轮在运输过程中触礁、碰撞搁浅或沉没会导致大量石油泄漏；油轮在运输过程中产生的压舱水、洗舱水含有大量的石油也会对海洋造成污染。

这些污染有的属于暂时性污染，如地震噪声、作业噪声、气体排放噪声等，在施工和作业时产生，施工停止即消失；有的属于一定时间内的污染，如钻井废水，废弃岩屑、油砂等，是在施工作业过程中产生的，在作业后停止排放，由于海洋的自净化作用，这些污染物在一定时期内就会消除；有的属于长期性污染，连续排放的含油废水在油气田生产过程中随时产生，大量的落海原油、溢油对渔业资源的影响也是长期性的。

由于钻井平台和海底管道的分散性、油轮的流动性、全球大洋的连通性、石油污染不能溶解和不易分解等原因，海洋油气污染具有流动性、广泛性、长期性和复杂性的特点。使得海洋石油开发带来的污染源容易与陆地污染源、其他海洋类污染源相交叉，造成对渔业资源的影响的复杂性。

4.1.2   海洋油气开发污染物对环境的影响

1）噪音的影响

钻机噪音在井台边（20 m）范围内最高总声级约100分贝左右。施工期间工作船舶的频繁水上运输和机械作业噪音，对周围水鸟觅食、海豹繁殖、鱼类产卵可能产生一定影响。

2）含油污水的影响

乳化油导致幼体中毒致死，导致鱼虾呼吸障碍死亡，导致幼体畸形等；当石油类浓度达到一定程度时，虾受精卵孵化降低甚至为0；含油污水可被贝类幼体摄取，并导致其死亡，当海水中含油浓度达到32 mg/L时，96 h扇贝幼体几乎全部死亡（99.1%），仔虾死亡率为82.6%。

3）钻井泥浆、钻屑对渔业资源及生产的影响

钻井泥浆和钻屑进入海洋后，随即产生两种情况：沉降到水底和悬浮在水中。悬浮水中的悬浮物：一是直接影响鱼类在水体中游泳，降低鱼类的生长速率及对疾病的抵抗力；二是妨碍鱼卵和幼体的良好发育；三是限制鱼类的正常运动和洄游；四是使鱼类得不到充分的食物。沉降到海底的钻屑和泥浆，将形成以井口为中心的海底堆积，造成对底栖生物的掩埋效应。影响渔业生产。

4）石油对海洋生物的危害

生物被油膜覆盖和窒息缺氧而死亡；生物接触油污引起中毒而死亡；生物暴露在低沸点饱和碳氢化合物或某些非碳氢化合物、芳香族碳氢化合物包围中，因挥发物毒性而死亡；石油的特殊气味伤害敏感的生物，影响生物洄游路线和近海养殖区；破坏高级生物的食物来源；非致死剂量的石油进入生物体，可降低其对传染病和外界刺激的抵抗能力；低水平油污可能会影响生物群落繁殖，破坏食物链中的某个环节，导致生态破坏，水生物资源营养价值受到破坏；石油中毒会在生物体内积累，是生物和人类食物混入芳香族碳氢化合物的致癌物质。

5）爆破和喷射挖沟作业的影响

爆破和喷射挖沟作业会导致附近海域海水浑浊度增加，透明度降低，并产生海水冲击波，导致爆破作业区及附近海域贝类、底栖生物以及游泳生物死亡，挖沟经过区域，部分贝类因高压水枪和掩埋等的影响，外壳破碎或窒息而死亡，但影响范围是局部的，时间较短，影响将随着施工作业的结束而恢复。

4.1.3   施工和运营期对航运的影响

铺设海底管道期间，对海上交通航行可能会造成一定影响。在路由与航道相交的条件下影响较小，当路由与航道相平行又很近的情况下才会有较大影响。

爆破作业需要对人员、航行船舶以及施工船舶设置安全距离。

钻井作业对渔船作业基本无影响。平台安装将由起重船和辅助工作船进行，井口平台安装约需要 30 d 时间，在此期间起重船将抛锚在平台周围，抛锚区为以井口平台为中心，半径约为 1 km 左右的范围。施工建设前，施工单位要向国家海上航行主管部门提出航行公告申请，作业区内将不允许各类与施工无关的船只航行或抛锚。

4.2 海砂开采的环境影响

海砂是一种重要的海洋不可再生资源，同时海砂又是一种重要的海洋生态环境要素，它与海水、岩石、生物以及地形、地貌等要素一起构成了海洋生态环境的平衡。合理地开发利用海砂能够使其服务于经济建设，促进海洋经济的发展，但盲目地、非科学的开采会导致资源的枯竭，破坏生态环境，乃至影响整个海洋资源的可持续利用。

海砂开采对环境及其他用海的影响大致分为以下几点。

4.2.1 海砂开采会造成海岸侵蚀、后退

海沙开采可能造成海域输沙量失衡，导致海床地形的改变，从而引起附近海域流场和波场改变。在距离岸滩较近的区域开采海砂，会造成底层沙层被抽吸后，引起海岸坍塌、后退等地质灾害。另外，在对海床地形地貌改变的同时，水动力条件也会改变，潮流场的改变对附近海域冲淤环境也将造成一定的影响，如果流速增大，将对附近岸滩形成冲刷，造成岸滩的不稳定和侵蚀现象。尤其是河口海域的海砂开采，不当、过量的开采会对海岸地质条件造成重大影响。

4.2.2 海砂开采会造成港口、航道的淤积

海洋环境在一定的条件下处于较长期的动态平衡之中，一旦由于人为的过量开采海砂，改变了自然条件，就会造成环境的破坏。例如将砂场的开采点位于港口航道附近，过量的海砂开采会破坏港口的屏障，改变水动力条件，造成港口、航道的淤积。我国南方海域曾发生过类似事件，随后被主管部门叫停。

4.2.3 海砂开采会影响海洋底栖生态环境

在海砂开采过程中，由于机械的搅动作用，使得施工区域底栖生物生存环境遭到破坏，导致位于施工区内海域的底栖生物全部或部分死亡。海砂开采过程中产生的悬浮物会不同程度影响作业点周围的生物，附近的浮游动、植物的生长受到影响，鱼卵、仔鱼部分死亡，游泳生物被驱散或死亡。

4.2.4 海砂开采对其他用海活动的影响

海砂开采会对海水养殖、滨海旅游等行业造成不同程度的影响。

临近采砂作业区可直接导致鱼类和其他水生生物死亡。采砂后，采砂区内的底栖生物将被毁灭，采砂作业引起的泥沙扩散对浮游生物有一定的影响，减弱海域的饵料基础。大

颗粒悬浮物在沉降过程中将直接覆盖底栖生物，如贝类、甲壳类尤其是它们的稚幼体，长时期的累积覆盖影响将导致底栖生物的减产或死亡。悬浮颗粒黏附在动物体表面，也会干扰其正常的生理功能，滤食性游泳动物及鱼类会吞食适当粒径的悬浮颗粒，造成内部消化系统紊乱。

海砂开采作业使作业区和附近的水体悬浮物量增加，水体的浑浊度起了变化，作业过程产生的搅动、噪声等干扰因素，将对这些鱼类等动物产生"驱赶效应"。

海砂作业扰动了海底泥沙，引起水体浑浊，作业船只带来噪音，这本身便是一种环境的污染，对周围的旅游业带来不同程度影响。

4.3 海上风电开发的环境影响

4.3.1 海上风电的用海特点

海上风电是最近几年才发展起来的新能源技术，欧洲以外的海上风电场仅有我国的上海东海大桥海上风电示范项目，海上风电作为一种新的用海方式，具有以下特点：

1）排他性

为研究海上风电的兼容和排他特征，课题组专程对上海东风大桥风电项目进行了调研和考察。研究发现，海上风电项目兼容性并不强，对多数用海都具有排他性。风电场是一种立体式用海，风机打桩到海底，机身部分在海水中浸泡，风叶矗立在海面，海底电缆纵横交错铺设海底，通过升压站和路由延伸向海岸。海域内一旦开发风电，风电场内其他用海将无法进入，为保证风电场不对通航有较大影响，一般风电场会设置专门的通航路线，过往船只只能由此路线通行，防止船只碰撞风机或影响海底电缆。

由此可见，海上风电同其他用海一样，具有明显排他性。

2）兼容性

此外，海上风电还具有一定的兼容性特征。

首先，海上风电开发基本不损害海域的基本功能，不影响海域基本功能的后续利用。比如，在工业与城镇建设区、港口航运区等，在功能区内未安排相应用海项目之前，若通过科学论证安排了风电开发项目，待风电项目用海年限到期之后，不影响工业与城镇建设、港口航运等基本功能的发挥。

其次，海上风电对旅游用海具有一定的兼容性，海上风电场有时也可作为一种景观供观赏，上海东风大桥风电场位于东风大桥两侧，形成一道风景线，提供了具有当地特色的天际线，已经成为当地的名片，对旅游产业是一种促进。随着经济技术水平的快速发展，不排除可以在风电场内部进行一些特定的观光、游览、养殖等多元化用海方式。

3）资源分布广泛，用海面积巨大

海域没有遮挡，风资源较陆地风具有优势，在海上广泛分布。风电场的布设受到自然条件的制约较小，用海的备择性宽，就技术上来讲，几乎所有的海域都可以设立风机。此外，为起到规模化的作用，风电场的用海面积巨大，往往涉及大片海域。

4）单位产值和海域利用效率低

以上海东风大桥风电项目为例，依据其论证和环境评价相关资料，按照《风力发电建设项目管理办法》及《风力发电场并网运行暂行规定》，项目投资 30 亿元，总装机容量为 10.2×10^4 kW，年上网电量 $2.585\ 1 \times 10^8$ kW·h，整个生产期平均上网电价 0.97 元/（kW·h），预计项目生产期内年均产生经济效益约 25 220 万元/年（未扣除运营成本），以此计算投资回收期约 15～20 年，每公顷海域年均产值 58.9 万元/年，低于绝大多数用海产业，海域的利用效率偏低。

4.3.2　风电场施工期的环境影响

风电场建设施工期，会产生噪声、悬浮物、固体废弃物、废气等污染物，影响区域生态、通航、水文动力和冲淤环境，但施工结束后，此类影响将消失。

风机塔架基础结构采用钢管柱直接打入海底，钢管柱四周铺设块石或碎石。因此，在桩基及周围铺石范围内的底栖生态环境将被破坏，栖息于这一范围内的底栖动物将全部丧失。同时，钢管柱施工产生的悬浮泥沙也会对海洋生物产生一定的影响。在基础施工过程中会引起约 100 m 半径范围内悬浮泥沙增加（每升海水的悬浮泥沙含量超过 10 mg），形成高浓度扩散场。高浑浊度悬浮泥沙会使水体溶解氧降低，影响胚胎发育，悬浮沉积物堵塞生物的鳃部造成窒息死亡，大量悬浮沉积物造成水体严重缺氧而导致生物死亡，悬浮沉积物造成有害物质二次污染引起生物死亡等。

与此同时，钢管柱打桩产生的噪声对海洋生物存在一定影响。桩柱在施打时水下噪声将导致部分鱼类逃离施工水域，甚至造成部分鱼类昏迷、死亡等现象。风电场电缆需要开沟埋设，其影响一是电缆沟开挖范围内的底栖生物受到损害；二是电缆沟开挖使海底的泥沙再悬浮，大大增加了所在海域的含沙量，对海洋生物将产生一定的影响。

施工期间，由于人类活动、交通运输工具与施工机械的机械运动，相应施工过程中产生的噪声、灯光等，会对在施工区及邻近地区栖息和觅食的鸟类产生一定的影响，使区域中分布的鸟类数量减少、多样性降低。但是，这种影响是短期的，可逆的。

4.3.3　风电场运行期的环境影响

1）对生态环境和渔业生产的影响

风电场运行对海洋生态的影响，主要是每台风机桩基周围的底栖生物的生态环境遭到永久性的破坏，在该范围内的底栖生物不可恢复。

同时，从安全捕捞角度评价，作业渔船应远离风机，风电场四周的渔业生产将受到影响，因此使渔场作业范围减少，从而导致捕捞产量减少。但其余滩涂养殖区、海洋捕捞区和增殖区基本可以恢复原有功能，对功能区的整体影响不大。

3）对鸟类栖息的影响

运行期间对鸟类的影响主要表现在两方面：一是风机运行，包括叶片运动、噪声等对鸟类的干扰影响；二是风机与鸟类可能发生碰撞。根据已有研究，风机运行对鸟类的干扰影响范围一般是 800 m（对繁殖鸟影响是 300 m）。目前，风电场的开发均选用低转速风机，机鸟相撞的概率极低。

2003 年西班牙内瓦拉省的统计数据表明，安装在 18 个风电场的 692 台风电机组造成鸟类伤亡的总数是 89 只，平均每台 0.13 只。

4）对自然景观的影响

从自然景观上来看，风电场的建设将改变原有的自然景观。对于某些地区，风机在海域规则分布，随风转动，可能成为一种景观；同时，对于一些风景优美、人们活动频繁的区域，风机过多，加上噪声的污染，可能对自然景观形成反作用，反而成了一种视觉污染。

比如，在英国和意大利等国家，有某些个人和团体对风电的视觉提出质疑，认为尤其是近岸的风机大规模布设，风景雷同，是一种视觉污染。

5）风机噪声的影响

风电场的噪声主要来自两个方面，风机的机械传动噪声和气流噪声。机械噪声主要是发电机、齿轮箱工作和叶片切割空气产生的；而气流噪声是经过叶片的气流和叶轮产生的尾流形成的。风电机组的噪声有些是规则的，有些是不规则的。随着制造技术水平的提高，风电机组噪声的强度也在不断下降。与其他通常存在的环境噪声，如交通、建筑和工业噪声相比，风电机组所产生的噪声要小得多。表 4.1 为不同噪声水平比较。

表 4.1　不同噪声水平比较

噪声源	噪声水平（分贝）
250 m 外的喷气式飞机发动机	105
7 m 外电钻	95
100 m 外时速 48 km 的卡车	65
100 m 外时速 64 km 的小汽车	55
350 m 外的风电场	35 ~ 45
卧室	35
深夜的农村	20 ~ 40

6）电磁辐射的影响

电磁辐射是电器设备运行时产生的工频辐射。风电场的辐射主要来自发电机、电动机、变电所和输电线路。发电机、电动机的辐射一般比较小。变电所和输电线路在 100 kV 以上的属电磁辐射项目，而现在一般的风电场的变电所和输电线路都在 100 kV 以下，所以电磁辐射强度不大。同时，现代化的风机设计都对电磁辐射做出了严格的限制标准，风电场电磁辐射的影响将越来越小。

输电电缆的电磁场可能会对海洋生物带来影响。因此近海风电场多采用多导电缆系统以防止产生强磁场。海上风电一般采用海底电缆，对周边电磁环境影响很小①。

---

① 《东海大桥海上风电场工程海域使用论证报告书》。

4.4　其他海洋可再生能源开发的环境影响

4.4.1　海洋能开发利用环境需求

　　海洋能开发利用几乎与海洋自然环境的各个方面，如海洋地质、海洋水文气象、海洋化学、海洋生物等都有关系。对海洋能而言，海洋自然环境要素可分为能量要素和环境要素。各类海洋能资源开发首先要考虑能量要素，如潮差、波高、流速、温差等。由它们决定的各类海洋能资源的储量、能量密度及其变化规律，是海洋能电站（装置）选址、设计、运行管理的重要依据。同时还要考虑环境要素，如潮位与水深、波高与周期、风速与风向、流速与流向、地形与底质地貌及气象、海洋和地质灾害特征等，它们是电站（装置）规划选址、设计、施工和运行管理的环境参数。

4.4.2　海洋能开发利用的环境影响

1）潮汐能开发利用的环境影响

　　环境影响问题一直是制约潮汐能电站发展的重要因素。潮汐能发电不仅在技术上是成熟的，在经济上也具有越来越强的竞争性，应该是很有发展前途的一种海洋可再生能源利用方式。但设计规划时必须综合考虑电站的经济性和潮汐大坝对环境的影响。

　　从另外一个方面来讲，潮汐电站的建成使得自然条件得以改善。电站库区削弱了风暴作用，为休闲旅游创造了良好的环境。由于水库内的水位更为稳定并且深度增加，通航条件也得到了改善。潮汐电站的建立减小了风浪、流速，加快泥沙和悬浮生物沉淀，增加光合作用的深度，优化了海洋养殖环境。

　　潮汐能发电研究已有100多年的历史。表4.2展示了目前世界上已建和计划建造的最大的几座潮汐能电站的环境效益。

表 4.2　世界潮汐能电站环境效益

电站	投入使用时间/年	发电量 /〔（$\times 10^4$ kW·h）/a〕	节约标准煤 /〔（$\times 10^4$ t）/a〕	减排 CO_2 /〔（$\times 10^4$ t）/a〕
法国朗斯潮汐电站	1966	5.4×10^4	17.1	38.9
加拿大安纳波利斯潮汐试验电站	1984	3 000	0.96	2.2
中国江厦潮汐电站	1980	700	0.28	0.638
英国塞文河口潮汐电站	计划建造	1.7×10^8	544	1 240

　　潮汐电站筑坝后，由于谐振条件发生变化，潮差和潮汐电站库水位的变幅可能发生变化。这将减少库内水流的紊动掺混，从而改变潮流及潮波状态，提高层化作用。夏季增加水的表面温度，冬季降低水的表面温度，改变含盐度，同时使结冰条件发生变化，减少光

射深度，改变生物洄游路径、地下水动态、农田排水条件和潮汐电站水库小气候及临近地区的气候。潮汐电站不但会改变潮差和潮流，还会改变海水的部分物理和化学参数，改变的性质与程度取决于电站规模与地理位置以及工程的规模和运行特性。

潮汐电站通常不会造成现有陆地面积的淹没，但却会减小纳潮面积从而造成海底生物栖息区的变化，影响程度的大小主要取决于所变化的纳潮面积，以及海边鸟类和水鸟在其他湖区可能生活的范围。夏季的温度升高，有可能会造成独特的水产养殖条件，促进牡蛎、鳟鱼、大马哈鱼和淡菜的生产和生长。潮汐电站也会影响鱼类的洄游。此外，对于海洋哺乳动物的活动来说，潮汐挡水建筑物也是一个障碍。

潮汐电站会改变海口的水流流态和天然冲砂运动。由于相互交换的水量减少，一般潮汐水库内的水流流动会减弱。但靠近水轮机和蓄水闸门附近，水流流动会加剧。潮汐水库内水流的减弱会造成增加沉积并减少海岸冲刷。

可见，潮汐电站建设对环境的影响是正反两方面的。只有在潮汐能电站建设之前，对可能造成的环境影响进行充分分析与评估，综合考虑各方面的因素，选择最佳的建设方案，才能做到趋利避害，充分发挥其对社会经济的积极作用。

2）波浪能开发利用的环境影响

从国内外的波浪能电站案例可以看出，波浪能这种海洋蕴藏量很大的可再生能源是一种清洁能源，波浪能电站除建设期间会产生一定的工程垃圾，以及电站维护人员生产生活形成的生活垃圾外，并无电站运行所带来的环境影响，和常规能源相比，波浪能电站既不产生煤电类的空气污染和废渣等物需要处理，也无核电类需要特殊处理的废物产生。

3）潮流能开发利用的环境影响

从国内外的潮流能电站案例可以看出，潮流能这种密度很高的可再生能源是一种清洁能源，虽然存在着如发电输出功率不够稳定等缺点，但是潮流能电站不需建坝装置可安装在海底或漂浮在海面，不会占用宝贵的土地资源，也就不会产生常规岸基式电站建造时的工程垃圾，可见潮流能电站本身运行并不会带来负面的环境影响，且和常规能源相比，潮流能电站既不产生煤电类的空气污染和废渣等物需要处理，也无核电类需要特殊处理的废物产生。

5 海洋矿产与能源功能区选划要求及建议

5.1 现行海洋矿产与能源功能区设置情况

5.1.1 全国海洋功能区划设置情况

目前的全国海洋功能区划30个重点海域中，有12个设置了油气区，其中渤海5个，黄海1个，东海1个，南海5个。有3个明确设置了海洋能利用区，其中东海2个，南海1个。具体情况如表5.1。

表5.1 全国海洋功能区划油气区和海洋能开发利用区设置情况

	重点海域	设置功能区
油气区	辽河口邻近海域	笔架岭、太阳岛油气区
	辽西—冀东海域	绥中、锦州、冀东油气区
	天津—黄骅海域	新港、马东东等大港油田油气区
	莱州湾及黄河口毗邻海域	黄河口西部、蓬莱19－3油气区
	渤海中部海域	渤中34－2、渤中34－4、渤中13－1、渤中42－7、渤中28－1、渤中26－2、渤中25－1油气区
	黄海重要资源开发利用区	南黄海南部盆地、南黄海北部盆地、北黄海盆地油气勘探区
	东海重要资源开发利用区	本区应加快油气资源的勘探开发，建设东海油气资源开采基地
	珠江口及毗邻海域	珠江口油气区
	海南岛东北部海域	文昌油气区
	海南岛西南部毗邻海域	莺歌海、亚东、崖城13－1油气区
	南沙群岛海域	油气资源的勘探和开发
	南海重要资源开发利用区	中沙西南盆地、南沙等油气勘探开发区
海洋能利用区	浙中南海域	乐清湾、三门湾潮汐能区
	闽东海域	福鼎八尺门潮汐能区
	粤东海域	南澳风能区

5.1.2 省级海洋功能区划设置情况

沿海11个省（直辖市、自治区）共设置了91个油气区，69个海洋能利用区，其中海洋可再生能源区40个，海上风能区29个，具体情况如表5.2。

表5.2 省级海洋功能区划油气和固体矿产资源功能区统计

省（市、自治区）	油气区	固体矿产区	海洋能	
辽宁	10	12	7	潮汐能：6个 潮流能：1个
河北	9	0	8	风 能：8个
天津	5	0	0	
山东	21	16	10	潮汐能：3个 潮流能：1个 波浪能：1个 温差能：1个 风能区：4个
江苏	1	0	13	潮汐能：3个 波浪能：2个 风 能：8个
上海	0	0	5	风 能：5个
浙江	5	6	9	潮汐能：4个 潮流能：1个 风 能：4个
福建	0	4	1	潮汐能：1个
广东	31	0	15	潮汐能：1个 潮流能：2个 波浪能：4个 盐差能：8个
广西	1	3	0	0
海南	8	0	1	温差能：1个
共计	91	41	69	

5.2 油气区的选划要求

在新一轮的区划编制过程中，应以渤海和南海为重点开发利用区。同时，以实施海洋可持续发展战略、促进国民经济和海洋经济为中心，以保护合理和利用海洋油气资源、集约节约用海方式、遏制海洋生态恶化、改善海洋环境质量为目标，进行科学分区、统筹安排，避免海洋油气资源的无序、无度状况，实现对海洋油气资源开发活动的宏观指导。在油气区的选划中应遵循以下原则。

5.2.1　以资源赋存属性为主，保障油气资源勘探开发用海需求

目前及将来，能源成为制约我国社会经济发展的重要瓶颈，能源开发意义极其重大，海洋油气成为我国能源结构的重要组成部分，在海洋油气资源属性较好、赋存丰富的海域应尽量选划为海洋油气区，同时兼顾地区社会、经济、生态效应，实现可持续发展，科学合理确定油气区，保障油气资源勘探开发用海需求。

5.2.2　保障海上交通、生态及国防安全等国家利益

海洋油气功能区，不能影响海上重要航道、港口，应尽量考虑到渔业生物的产卵场、索饵场、越冬场、回游通道，以及鸟类保护区等动植物保护区和物种多样性区域，保障生态安全，同时不能影响军事用海，影响国家海防安全及其他重要可持续发展安全。

5.2.3　协调好资源开发同维护国家海洋权益的关系

对于我国南海及大陆架海域，由于这些海区同其他国家在海洋权益上具有争议，属于较为敏感的海域，因此在本轮区划中对于这些区域应当谨慎，既要积极鼓励对深远海区域的海洋油气资源勘探和开发，又要协调好资源开发同维护国家海洋权益的关系。

5.3　海砂开采区的选划要求

通过专题的调研发现，由于海砂开采的利益驱动，违法开采海砂的行为时有发生，已成为海洋主管部门执法检查中的重点。因此，本轮功能区划海砂开采区的编制应以科学监督管理、可持续开发利用为目标，明确提出禁止海砂开采的区域，在海域使用管理中实行严格的审批程序。

针对新一轮的功能区划编制工作，本专题研究认为，海砂开采区的选划应遵循以下原则。

5.3.1　在合理预测需求的基础上从严设置海砂资源区数量

在新一轮全国海洋功能区划的编制当中，应以资源的自然禀赋为基础，在资源的富集区合理设置功能区。针对海砂资源，应在充分调查、了解全国海域海砂资源分布、储量的基础上，对海砂资源富集区域进行适当的等级评价，选出建议开发区、建议保留区、禁止开发利用区等。根据对海砂资源的评价结合社会需求及相关管理要求，设置海砂功能区。

对海砂资源情况充分了解后，应结合我国海砂开采行业的发展前景，合理预测我国海砂开采的未来需求，依次界定海砂区的功能区范围。同时还应注意全国功能分区和省级功能分区的衔接，对于省级功能区划的修编，应以全国功能区的划分为依据，进一步细化、量化功能分区。

5.3.2　禁止岸滩河口开采、严格控制近岸开发，功能区趋于远海设置

通过有关研究发现，在近岸开采海砂资源环境风险较高，对海洋生态、地质条件破坏较大；同时，近岸海域为其他用海活动密集区，随着我国海洋经济的飞速发展，近岸海域逐渐呈现了稀缺性，对于这些海域应重点布置环境友好、经济效益大、社会发展急需的产业。因此，开采区域趋于远海应成为今后我国海砂开采的导向，其他发达国家也多是在远海开采海砂。

在本轮的功能区划编制当中，应积极引导海砂开采向远海迈进，将功能区更多的布局在资源富集的远海。同时，禁止在海洋保护区、侵蚀岸段、防护林带毗邻海域及重要经济鱼类产卵场、越冬场和索饵场设置海砂功能区；禁止在岸滩河口、水交换能力差的封闭或半封闭海湾、基底不稳定海区及可能因海砂开采造成水质条件、沉积物条件进一步恶化严重影响海洋生态环境的海区设置功能区。

5.3.3　注意和相邻功能区的衔接，避免对其他功能区运行质量的影响

海砂资源属不可再生资源，本身是海域自然环境要素的一部分，同时在开发利用当中对环境具有一定影响，因此，对于海砂的开发利用应科学安排时序，合理配置功能区分布，尽量减少对海洋环境及其他功能区的影响，实现海砂资源的可持续开发利用，保障海洋经济建设的健康发展。

5.4　海上风能区的选划要求

5.4.1　不设专门的风能资源区

海上风能资源在海上广泛分布，加之目前我国对海上风能资源的调查尚不十分清楚（"908专项"虽对海上风能资源进行了普查，但是精度较低，且调查的高度为10 m风，真正的海上风电开发一般需要70~100 m）。海上风电场是一种用海方式，并非是海域的功能，如果依据风资源条件或者各地风电规划需求划分功能区，那么将面临风能区遍地开花的现象，风能区将占用大面积海域。虽然未来风电规划和需求规模较大，但是现在我国仅有一个上海东风大桥的海上风电项目，风电项目主要还是在陆域发展，未来海上风电的发展仍然面临着技术、经济、产业、环境等多方面的制约。因此，我们不宜仅仅依据沿海风电规划选划满足其目标需求的海域。

此外，结合海上风电场的用海特点，虽属于排他性用海，但是其用海方式对海洋环境的整体影响不大，基本不改变海域的自然属性和基本功能，可以与部分用海相兼容。因此，我们建议，不在海洋功能区划中明确专门的海上风资源区。对于海上风电场的建设，现阶段可以通过海域论证、环境评价来实现，论证当中重点考虑其是否与基本功能相兼容，是否和使用现状相违背或对于利益相关者难以协调，是否损害所在海域基本功能，是否符合相关的海域使用管理规定。

虽然不设专门的风资源区，但是对于一些明确需要建设的风电项目，我们可以区划为矿产能源区，或者依据其基本功能区划，但是在海洋功能区的管理措施和要求中明确支持风电开发建设。

无论是否划定专门的海上风电功能区，在本轮区划编制中，都需要对未来风电场的建设进行规模预测和基本布局安排，在对风电场进行初步区划时，应当遵循科学规划、综合协调、区域控制、稳步推进、合理用海的原则，促进海上风能资源科学开发利用。

这里参考欧洲，尤其是海上风能开发技术和科学研究具有世界领先水平的德国经验，提出对于我国海上风电场选化的一些基本要求，作为选化的依据。

5.4.2　坚持深水远岸，趋向外海规划原则

科学论证与规划海上风电开发区。海上风电开发功能区宜在 10 m 水深以深或离岸不小于 10 km 的海域布局；规划用海应当避让已有开发利用活动的海域和敏感海域，促进海上风电与其他产业协调发展。

5.4.3　避开敏感海域，减少对其他功能区的影响

海上风电场功能区，应尽量远离渔业生物的产卵场、索饵场、越冬场、迴游通道，以及鸟类保护区等动植物保护区和物种多样性丰富区域，降低对生态环境的影响。同时，海上风电开发功能区，还应尽量避开港口、航道以及重要的渔场，减少对航运与渔业捕捞的影响。此外，风电功能还应尽量远离旅游风景区，并积极鼓励发展深远海风电场技术，以减少风电场建设对自然景观的影响。

5.4.4　加强对海上风电项目的监督管理

建议在新一轮的海洋功能区划中明确提出对海上风电项目的建设要求。对于海上风电场功能区内的风电场建设施工，应尽量避开海洋鱼类产卵和鸟类迁徙、集群的高峰期，并尽可能缩短水下作业时间；严格限制工程施工区域，禁止非施工船舶驶入，避免任意扩大海域施工范围。合理选择升压变电所与电缆建设位置，减少对鸟类适宜栖息地的侵占。

5.4.5　统一规划，集中布局，突出重点

海上风电投入较高，发展不能遍地开花，应以全国功能区划的编制为契机，在全国统一规划的基础上，因地制宜，突出重点。华东、华南地区是我国沿海经济发达地区，经济高速增长，能源需求急剧上升，两地区能源资源匮乏，能源供需矛盾突出，发展海上风电将是解决这一矛盾的有效途径。加之两地区经济发达、技术力量雄厚，也为海上风电的发展提供了有利的条件。因此，风电功能区选划应将这两个区域作为重点考虑。

5.5　其他海洋可再生能源选划要求

海洋能作为一种可再生的清洁能源，对国家调整能源结构、节能减排、应对气候变化

均具有深远意义。应坚持"宏观调控，因地制宜，优化布局，合理规划"的原则，在功能区选划的过程中须充分考虑到其作为国家战略性资源的重要性，为其规划出足够的发展空间。

5.5.1 潮汐能功能区选划建议

近年来，在《国家"十一五"海洋科学和技术发展规划纲要》和《全国科技兴海规划纲要（2008—2015 年）》关于海洋可再生能源部分中，均明确提到了研建"万千瓦级"潮汐能电站的目标。在 2010 年启动的海洋能专项资金项目中，也对大型潮汐能电站建设的前期选址调查工作给予较大的支持。可见，无论是从技术成熟度方面，还是从国家的支持力度方面分析，在"十二五"期间，完成 10×10^4 kW 潮汐能电站的装机功率目标是完全可行的、现实的。因此在海洋功能区选划的过程中，要特别注意对潮汐能资源富集的浙江与福建两省潮汐能优良站址的保护，保证开发利用潮汐能的用海需求。

5.5.2 潮流能与波浪能功能区选划建议

近年来，我国潮流能与波浪能技术得到了较快的发展，正处于由工程示范向商业化运行的过渡阶段。

辽宁、浙江与福建三省的潮流能资源最为丰富，在功能区选划的过程中应重点考虑在这三个省份为潮流能的开发利用预留出足够的空间。同时，由于潮流能资源多分布于湾口水道地区，潮流能装置的安装有时会对该海域的航运造成影响，这一点也应在海洋功能区选划时给予考虑与协调。

开发利用波浪能是解决我国边远海岛用电问题的有效途径，且开发利用波浪能几乎不会对其他用海事业造成影响。在全国范围内，以山东、浙江、福建与广东 4 省的波浪能资源最为丰富。因此，应考虑在这 4 个省份，特别是在其海岛密集海域，选划出足够的波浪能开发利用功能区。

5.5.3 温差能、盐差能与生物质能开发利用功能区选划建议

我国温差能、盐差能与生物质能开发利用技术还处于实验室研究阶段，距大规模开发利用还有较大的距离。在功能区选划时，应在温差能丰富的南海海域和盐差能较为丰富的长江口海域，为两种海洋能开发利用技术留出试验功能区。海洋生物质能用海，主要涉及特殊藻类的养殖，在海洋功能区选划时，应考虑划出特殊藻类养殖功能区。

6　海洋矿产与能源区划管理要求及实施建议

6.1　油气区的管理要求及实施建议

6.1.1　油气区区划管理要求

重点保证正在生产、计划开发和在建油气田的用海需要，保证在油气盆地油气勘探的用海需要。油气勘探开发应选取有利于生态环境保护的工期和方式，把开发活动对生态环境的破坏减少到最低限度，严格控制在油气勘探开发作业海域进行可能产生相互影响的活动，新建采油（气）工程应加大防污措施，抓好现有生产设施和作业现场的"三废"治理。

1）用途管制要求

重点保障油气区内资源的开发利用，禁止对油气资源造成破坏和妨碍油气开发利用的用海类型。在油气资源未被开发利用时，可开展渔业用海、盐业用海、特殊用海等用海类型；油气正在开发利用时，必须在保证油气开发利用用海的基础上，可考虑兼容性用海类型。

2）用海方式管制要求

油气功能区严格限制改变海域自然属性，限制人工岛式油气开采用海规模，根据不同海岸资源环境特征、严格要求用海的平面设计，采取有利于生态环境保护的工期和方式，鼓励区域体系规划开发，多打密集型丛式井，尽可能少占海域空间，特别是滩涂、浅海空间，采用新的爆破技术，使地震波对海洋生物的影响降至最低，积极促进开发活动对生态环境的破坏减少到最低限度。

3）海域整治要求

海上油气平台停采时，对于不能完全拆除的平台，其残留海底的桩腿的切割必须达到标准（切割至海底表面 4 m 以下）；封好采油井口，防止地层内的流体流出海底；海上清洗或者防腐蚀作业时，要采取有效措施防止油类、油性混合物或其他有害物质污染海洋环境，清洗产生的废水要处理达标才能予以排放。

4）生态保护目标

涉及海洋生物和经济生物保护类型的油气区，在海洋生物繁殖期和途经生物洄游周期停止勘探开发活动，支撑油气区海域适合的生活环境。

5）环境保护要求

生产污水不随意排放，钻井泥浆、钻屑、油类重金属等海洋沉积物不能随意倾倒，要收集运回陆地集中处理，使用海域的水质应符合 GB3097 – 1982 和 GB11607 – 1998 的规定，勘探开发活动遵循《中华人民共和国海洋石油勘探开发环境保护条例》。

6.1.2 油气区区划实施建议

1）严格功能区制度管理

按照油气功能区管理要求，严格审查油气资源开发海域权的审批、变更等必须符合管理规定，积极促进推进多油气田间的联合联网开发，对不符合功能区要求的，不得批准用海。

2）加强功能区环境监测

新建油气田在进行勘探开发作业之前，必须开展开发活动环境影响评价工作，海洋主管部门根据所提交油气开发建设项目环境影响报告书，对开发项目所产生的环境影响及其他突发影响进行全面合理评价、追踪监测，对不符合功能区划要求的，必须监督限期修补整治或收回海域使用权。海上油气平台停采时，必须监督海域整治，使其符合海域整治要求。

3）做好溢油应急体系

海洋主管部门与油气田开发企业应建立健全溢油防治系统，对正常施工、生产全过程所产生的污染物以及非正常风险事故（如可能出现的海底输油气管道破裂、储油罐爆炸、井喷等）和突发意外事故，如风暴潮、海流等影响，制定切实可行的溢油防治计划，加大溢油应急资源储备，增加防污应急能力。加强应急人员的应急培训，建立完备的溢油防治体系，强化溢油管理。

6.2 海砂区的管理要求及实施建议

6.2.1 海砂区区划管理要求

1）用途管制要求

海砂开采区重点保障海砂资源的开发，保护海砂资源的可持续利用，与海域使用分类工业用海中的固体矿产开采用海类型相适宜。本功能区禁止对海砂区基本功能造成不可逆转改变的用海类型，在海砂资源开发基本功能尚未被利用并保障其基本功能的前提下，可开展渔业用海、工业用海、交通运输用海、旅游娱乐用海、海堤工程用海、排污倾倒用海、特殊用海等用海类型。

2）用海方式控制要求

严格控制近岸及海岛周围海砂开采的数量、范围和强度。在执行国家相关法规和不影响其他功能区运行质量的前提下，允许适度的改变海域自然属性，海砂的开采应采取有利于生态环境保护的工期和方式，把开发活动对生态环境的破坏减少到最低。

3）海岸整治要求

对于确需在近岸设置的海砂功能区，应根据海岸资源条件和开发利用现状，结合所处区域海洋发展战略要求，明确功能区是否存在整治要求，提出具体的整治目标、内容和措施。

4）生态环保重点目标

对于海砂功能区其生态保护重点目标应至少包括：减少对海洋水动力环境、岸滩及海底地形地貌形态、稳定性的影响，防止水动力条件的重大改变，防止海岸侵蚀，不应对毗邻海洋生态敏感区、亚敏感区产生影响。

5）环境保护要求

海砂功能区环境保护目标应执行海洋水质、海洋沉积物质量、海洋生物质量不低于三类的标准。

6.2.2　海砂区划实施建议

1）切实建立海砂开采区相关制度

实行严格海砂功能区划制度，海砂开采区主要用于保障海砂资源的可持续开发利用，海砂开采用海必须符合海洋功能区划。海洋主管部门应积极会同有关部门开展海砂资源开发利用规划的编制工作，该规划应以海洋功能区划为依据，做到统一规划、集中布局、突出重点、分步实施。

2）规范海砂开采用海秩序，合理配置海砂资源

逐步完善用海项目预审制度，以海洋功能区划为依据，从严审批海砂开采用海申请。海砂开采项目用海海域使用论证报告书应当从海域使用方式、类型与空间要求、环境保护要求、维护功能区健康运行等方面明确项目选址是否符合海洋功能区划。功能区开发利用必须符合所在功能区的用途管制、用海方式控制以及整治要求，海域开发利用必须采取相应的环境保护措施，执行规定的环境质量标准，切实保障功能区生态保护重点目标的安全。

注重发挥市场在资源配置中的作用，尝试推行拍卖挂牌方式出让海砂开采海域使用权，发挥海砂资源的最大效益。逐步淘汰和规范小型和个体采砂企业，通过适当的财税政策，扶持和培育大型的、规范的海砂开采企业，创造条件，引导海砂开采由近岸向外海深水区转移，保护近岸环境。

3）加强对海砂开采活动的监督、管理，严厉打击非法开采行为

进一步完善海砂开采海域使用的监督和管理制度，加强海砂开采执法能力和惩处力度，加大海砂开采环境监测工作，客观评价海砂开采对海洋环境的影响。鼓励开展外海深水区海砂勘探，为海砂开采做好资源储备工作。

6.3 海上风能区的管理要求及实施建议

6.3.1 海上风能区区划管理要求

1）用途管制要求

对于未在海洋功能区划中明确风能区的，在区划登记表中应明确风能资源开发的用途；对于已划定风能区的，在风能区管理要求中应明确用途管制具体要求。

用途管制要求中明确保障海上风电的建设需求，明确可与之兼容的用海方式，在风电开发利用之前可以进行不影响风能开发的海域开发，如海水养殖、旅游娱乐等。

2）用海方式控制要求

严格控制离岸较近的风电开发，鼓励风电趋于远海布置；严格限制改变海域自然属性，科学论证风电场的海底电缆铺设和登陆点选择，采用海洋环境影响较小的安装方法，鼓励使用对海域自然属性改变小的风机设备，注重景观的协调。

3）海岸整治要求

对于确需在近岸设置的风能区，应根据海岸资源条件和开发利用现状，结合所处区域海洋发展战略要求，明确功能区是否存在整治要求，提出具体的整治目标、内容和措施。

4）生态环保重点目标

防止对滩涂湿地等海域资源造成破坏，尽量避免对鸟类迁徙、毗邻生态敏感区和亚敏感区产生影响。

5）环境保护要求

风电场开发海域海水水质执行二类标准，海洋沉积物质量和海洋生物质量均执行一类标准。对于海洋环境较优的海域，在风电场开发后环境条件不能低于开发前现状。

6.3.2 海上风能区划实施建议

1）加强领导，确保海上风能区划实施

沿海省、自治区、直辖市人民政府要根据海上风能与其他海洋可再生能源的区划目标，制定重点海域使用调整计划，明确不符合海洋功能区划的海域使用项目停工、拆除、迁址或关闭的时间表，并提出恢复项目所在海域海洋能资源的整治措施，确保功能区划的顺利实施。

2）监督检查，注重资源保护

沿海县级以上人民政府海洋行政主管部门及其所属的中国海监机构要加强监督检查，加大执法力度，整顿和规范海域使用管理秩序，对于不按海洋功能区划批准使用海域，对海洋能资源造成破坏的，批准文件无效，收回海域使用权，并采取补救措施，限期进行整治和恢复。通过调整计划和监督检查，切实加强对海洋能资源的保护。

3）统筹管理，协调用海需求

做好统筹管理工作，严格按照海洋功能区划引导和制约用海需要的同时，根据海洋能开发利用的用海特点，协调好与其他用海事业的用海需求，促进海上基础设施共享，提高用海效率，实现海洋开发利用从粗放型向集约型转变，促进海洋经济有序、协调发展。

4）做好宣传工作，提高全民海洋能源意识

多层次、多渠道、有针对性地搞好海洋能的科普与宣传工作，提高广大人民群众对海洋能的认识，提高各级管理部门科学管理海洋的水平以及各类用海者合理开发利用海洋，保护海洋能资源的自觉性。

参考文献

［1］ 张耀光，刘岩，李春平，董丽晶. 中国海洋油气资源开发与国家石油安全战略对策［J］. 地理研究，2003（3）.

［2］ 国土资源部油气资源战略研究中心，中国分省油气资源［M］. 北京：中国大地出版社，2009.

［3］ 国土资源部油气资源战略研究中心，新一轮全国油气资源评价［M］. 北京：中国大地出版社，2009.

［4］ 国土资源部油气资源战略研究中心，中国分省油气资源之南海北海域油气资源部分［M］. 北京：中国大地出版社，2009.

［5］ 国家海洋技术中心，海洋可再生能源调查与研究［R］. 2010.

［6］ 国家统计局. 中国统计年鉴（1996～2010）. 北京：海洋出版社.

［7］ 国家海洋局. 中国海洋年鉴（1996～2010）. 北京：海洋出版社.

［8］ 国家海洋局. 中国海洋统计年鉴（1996～2010）. 北京：海洋出版社.

［9］ 国土资源部信息中心. 国土资源情报. 2006年第5期.

［10］ 陈坚，我国浅海海砂资源开发的机遇与对策［N］. 中国海洋报，2009.

［11］ 《海洋行政执法公报》2010.

［12］ 曹妃甸工业区建设对海岸海洋生态影响与预测研究报告［R］.

［13］ 王林昌、邢可军，海洋油气开发对渔业资源的影响及对策研究［J］，中国渔业经济，2009（3）.

［14］ 一丁，海砂开采管理［J］，江苏科技信息，2000（1）.

［15］ 广东港源建设有限公司珠江口海砂开采项目海洋环境影响报告书［R］.

［16］ 珠江口伶仃航道西侧浅滩海砂开采海域使用论证报告［R］.

［17］ 珠江口川鼻浅滩海砂开采使用海域论证报告［R］.